手作 健康零食

100% handmade + healthy

薩巴蒂娜　主編

U0106383

那一口的溫柔

記得小時候，沒有空調的苦夏，我伏在桌邊做功課，皺着眉頭背單詞，媽媽悄悄進來，把一小碟削皮切塊的梨放我手邊上。那一口梨又甜又脆，又香又美。

記得去親戚家作客，幾個孩子一桌，表嬸把無窮無盡的零食小吃端上來給我們：油炸小河蝦、糯米藕、茶葉蛋、煮花生米、蒸棗，有的酥脆，有的鹹甜，我們高興地拍手掌，往嘴巴裏塞滿了食物。

一個陝西的大學同學，每次放假回來，都給我們帶柿餅，很軟很甜。還給我們一人一枚鹹口的松花蛋，她們那裏叫「變蛋」，即吃就美味得很。

記得跟一個女孩合租，半夜一起看美劇，她會做一碗糖水給我，有時候是蓮子羹，有時候是銀耳粥，有時候是綠豆粥。啊，那美麗的青春歲月！

我三十歲轉行遇到的主編鍾小姐，最愛吃我給她做的豬肉白菜包子，她回報香辣無比的尖椒牛肉絲給我。

曾在我這裏工作的陳姐，會從家裏做佛卡夏（Focaccia）帶過來給我們吃。希望她前程似錦！

就是這些無盡的一口溫柔，讓我決定出版這本書。

生活裏有酸甜苦辣，而零食小吃也是五味俱全。只有這樣，才是圓滿。

計量單位對照表
1茶匙固體材料=5克
1湯匙固體材料=15克
1茶匙液體材料=5毫升
1湯匙液體材料=15毫升

目錄

3

第一章
令你放鬆心情的解壓零食

第二章
令你元氣滿滿的抵餓零食

第三章
讓我們共用歡樂的會友零食

第四章
讓我們慢享時光的休閒零食

初步瞭解全書

看着名字
就流口水

時間、難易
度清楚明瞭

品嘗菜餚既有
情懷也要吃出
健康

晶瑩剔透的美味

琥珀核桃仁

⏱ 20分鐘
▲ 簡單

主料

核桃仁⋯100克

輔料

熟白芝麻⋯10克　　麥芽糖⋯40克
細砂糖⋯105 克

核桃仁的外面裹上一層糖，因其晶瑩剔透，
類似琥珀而得名。核桃仁的香搭配糖的甜
還有酥脆的口感，深受大家喜歡。

做法

1 核桃去掉外殼，取出核桃仁，放到150℃
的焗爐中層，烤約15分鐘至出香味。
2 細砂糖、麥芽糖和50毫升水倒入鍋內，
以中火加熱及攪拌，至不斷有大氣泡冒出。
3 鍋裏的大氣泡減少後，轉小火加熱，煮至
黏稠，用筷子蘸一點糖，滴入冷水中，如
果變得硬脆，就可以了。
4 加入核桃仁攪拌，使每一粒核桃仁都均勻
裹上糖漿。
5 撒上熟白芝麻，攪拌均勻，趁熱平鋪在盤
子上。
6 冷卻後分成小塊即可。

🍲 **烹飪秘笈**

1 不同焗爐的溫度不同，注
意觀察，不要烤焦。核桃
仁趁熱倒入糖漿中，防止
糖冷卻太快。
2 煮糖時需要注意後期轉小
火，不斷攪拌，防止焦。
3 煮糖的程度很關鍵，糖滴
到水裏要變硬脆，否則做
好的琥珀核桃仁會黏手。

詳盡直觀的
操作步驟讓
你簡單上手

烹飪秘笈，讓
你與美味不再
失之交臂

需要用到的食材
一目了然，要打
有準備的仗

為了確保菜譜的可操作性，

本書的每一道菜都經過我們試做、試吃，並且是現場烹飪後直接拍攝的。

本書每道食譜都有步驟圖、烹飪秘笈、烹飪難度和烹飪時間的指引，確保你照着
圖書一步步操作便可以做出好吃的菜餚。但是具體用量和火候的把握也需要你經
驗的累積。

書中部分菜式圖片含有裝飾物，不作為必要食材元素出現在菜譜文字中，讀者可
根據自己的喜好增減。

做零食
從這裏開始

製作零食的常用工具

製作零食的常用工具

蒸鍋

蒸鍋可以對一些零食的原材料和成品進行蒸製。

易潔鍋

易潔鍋可以用來翻炒、燉煮食物、煮糖漿等，可以隨時改變火力，控制食物的成熟度，而且非常容易清洗。

焗爐

焗爐可以定時定溫，通常溫度範圍為40℃~250℃，可以滿足不同種類零食的烘烤需求。高溫烘烤可以賦予食物金黃的色澤和誘人的香味，低溫烘烤可以保證食物的天然風味和口感。

奶鍋

零食製備中很多食材需要加熱處理，小鍋可以很方便地用來加熱量少的食材。

空氣炸鍋

非常重要的一個電器。只用很少的油就可以做出薯條、雞翼等，適合多種食材的烘烤。用空氣炸鍋做的薯條用油少，味道很讚。

多功能煎鍋

一個鍋配備了數個不同形狀的焗盤，可以用不同的焗盤來做窩夫、雞蛋仔、蛋卷等，非常實用。

打蛋器

打蛋器有電動打蛋器和手動打蛋器。手動打蛋器可以進行食材的基本攪打混合；電動打蛋器速度有3個，可以快速攪打，適合需要打發的雞蛋白和全蛋液等。

乳酪機

乳酪機通過自動控溫的功能，可以恆溫發酵製備乳酪。

擠花袋和擠花嘴

擠花袋和擠花嘴配合使用，可以用來裱出漂亮的花。

電子秤

用來稱量原材料。因為有的烘焙原料量少，電子秤的最小稱量單位需要精確到克。

溫度計

在煮糖漿時，溫度計可以很準確地控制溫度。

錫紙

烤油多的食材時，可以在焗盤上鋪錫紙，方便清洗。錫紙還可以放在烘烤食物的上面，起到隔熱效果，防止食物頂部烤焦。

鋸齒刀

用鋸齒刀切食物，容易切得整齊，有漂亮的切口。

焗盤

焗盤一般是防黏的，形狀多樣，可以根據需求選擇合適的焗盤。

烘焙用紙

烘焙用紙可以墊在焗盤上，需要烤的食物放在上面，起到防黏的效果。

刮刀

刮刀片面積大，適合用來翻拌麵糊等。

粉類：常用的有麵粉、米粉和澱粉

麵粉是小麥磨成的，根據麵筋蛋白質的含量不同，分為高筋麵粉、中筋麵粉和低筋麵粉。蛋白質含量愈高，揉好的麵糰愈有筋道。麵包需要麵糰筋道，可以揉出膜，所以麵包大部分都用高筋麵粉。而蛋糕需要鬆軟的口感，避免太筋道，所以蛋糕需要用低筋麵粉。中筋麵粉可以用來做包子、餃子等中式點心。

米粉一般分為糯米粉和黏米粉。糯米粉是用糯米磨的粉，支鏈澱粉多，口感非常黏，可以用來做草果、糯米糍、雪媚娘等黏性口感的食物。黏米粉是用普通大米磨的粉，黏性沒有糯米強，可以搭配糯米粉使用，製作不同口感的食物。

澱粉除了是原料裏的蛋白質，經常用的有粟粉、小麥澱粉、太白粉、綠豆澱粉、木薯澱粉等。不同種類的澱粉，其直鏈澱粉和支鏈澱粉的含量不同，造成澱粉的性質有細微的差異。澱粉可以添加到麵粉和米粉中改善口感。木薯澱粉的支鏈澱粉較多，可以做成口感彈牙的珍珠或者芋圓。

油：書中主要用到牛油和植物油

牛油的飽和脂肪酸比常見的植物油高，在室溫下為固體，可以打發裹氣，所以經常用在曲奇餅中，產生酥的口感。牛油的奶味非常濃郁，用在窩夫、意式脆餅、牛軋糖等零食中，可以增強風味。

植物油中的飽和脂肪酸比牛油低，室溫下為液體，可以用在不需要酥脆性的零食中，如鬆餅蛋糕、紙杯蛋糕等。植物油中的花生油、橄欖油、香油味道濃郁，為了不影響食物本身的風味，一般選擇味道清淡的粟米油、葵花籽油和調和油等。

糖：常用的有砂糖、糖粉、蔗糖、麥芽糖、紅糖等

市場上的砂糖一般分為粗砂糖、幼砂糖和綿白糖，顆粒大小不一樣，綿白糖是最細的。為了溶化速度快，一般選顆粒細的幼砂糖和綿白糖。

糖粉是將砂糖磨得非常細的粉，多用在曲奇等餅乾中，可以和牛油快速混合，有利於牛油的打發和穩定，可令曲奇保持很好的花紋。

蔗糖的主要成分和砂糖一樣，只是會含有更多的微量元素。蔗糖塊比較大，需要先敲碎或者用在需要較長時間烹煮的配方中。

紅糖是沒有精煉的蔗糖，含有較豐富的微量元素。其甜度低，可以用來調顏色和風味等。

麥芽糖是澱粉水解得到的產物，為還原糖。麥芽糖容易吸水，保濕效果好，可以防止白砂糖的返砂，但是因為容易吸水，會造成食品性質的不穩定，所以在食譜中一般需要搭配白砂糖一起使用。

零食應該怎麼吃

吃零食有很多小竅門，掌握了就能享受零食帶給我們的諸多好處，但是如果吃得不對，就有可能影響身體健康。

1 吃零食要適量

一天吃的零食量最好不要超過攝入的總熱量的10%，比如一位輕體力年輕女性，每天需要的總熱量為1800千卡，那麼零食的熱量應控制在180千卡以下。零食只是正餐的補充，如果攝入量太多，可能會影響正餐，還容易長胖。如果每天有額外的運動，可以適當增加一些零食。

180千卡的食物量如下，可以參考，控制攝入量，避免長胖：

30克南瓜子

50克紅蘿蔔糖

3塊牛軋糖

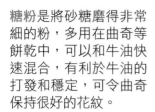

1塊半綠豆糕

4塊曲奇餅乾

1塊薩其瑪

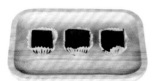

3塊生朱古力
（生朱古力的簡稱，是朱
古力混和鮮忌廉而成）

1塊半鬆餅

1個桃酥餅乾

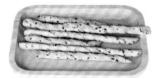

60克香脆餅乾棒

1個香蕉鬆餅蛋糕

2條香蕉燕麥條

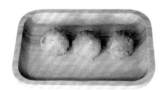

3個芝心薯球

35克自製辣條

2 吃零食要適時

零食可以作為正餐的補充，但不能代替正餐。最合適的吃零食時間是在兩餐之間，不要在飯前或者飯後立刻吃零食。飯前吃零食會影響正餐的正常攝入，容易引起營養不良；飯後吃零食會造成熱量過剩，容易導致肥胖。睡前半小時不要吃零食，如果沒有好好刷牙，容易引起齲齒，吃多了還會給胃腸帶來負擔，影響睡眠。

3 吃零食要適當

零食種類很多，選對種類很重要。不能只貪圖風味和口感，最好選低糖、低脂、低熱量、添加劑少的。儘量選擇粗加工零食，避免攝入過多的精加工零食。不同的人群、場合、時間，可以選擇不同種類的零食。

零食製作小問答

1 焗爐一定要預熱嗎？

焗爐是否要預熱，可以根據烘烤的食物來看。

如果烤蛋糕、麵包，需要提前預熱，防止在等待升溫的過程中蛋糕消泡、麵包發酵過頭等，例如烤堅果小餐包、烤紙杯蛋糕等。

在烘烤吐司、牛肉乾等升溫加熱過程對本身組織結構無影響的食物時，可以直接進行烘烤，不需要預熱，以節省時間，例如烤手撕肉條、烤吐司等。

2 瓶子怎麼殺菌？

盛果醬或者水果罐頭的瓶子需要先殺菌，殺菌可以延長食物的保存期。一般比較方便的殺菌方法是把

瓶子和蓋子完全浸入沸水中煮3~5分鐘，取出，倒扣晾乾。注意選擇可以高溫蒸煮的玻璃或者塑膠容器。做好的果醬等趁熱裝入容器中密封，放入雪櫃冷藏保存。

3 果醬中為甚麼還要加酸？

酸在風味上可以中和甜，使得果醬酸甜可口。在酸性條

件下，蔗糖可以轉化成保水效果好的還原糖，防止蔗糖析出、果醬起砂。蔗糖和還原糖比例不當會影響果醬的質地和口感，為了防止還原糖太多，需要在熬果醬的後期加入酸。酸性條件下，還有利於食物防腐。

4 烤番薯為甚麼會「流油」？

相比紫薯和白薯，番薯的水分和糖含量高，澱粉含量低，所以烤好的番薯不

會很乾，而是稀軟香甜。在烤的過程中，高溫對番薯結構產生破壞，水分揮發，糖流出來，發生焦糖化反應和美拉德反應，產生黃棕色的色澤和焦香風味，即我們説的「流油」。煮番薯溫度較低，不會出現流油現象。

5 如何判斷食物的製作時間？

書中零食的製作時間是我所用的時間，因為焗爐、微波爐等設備的火力有差別，食

材的大小有差別，時間可以參考，但未必完全一致。請一定根據食物的狀態來判斷，比如出香味、變顏色等。

6 麵粉加水量是一定的嗎？

在零食製作中，經常會用到粉和水的搭配，揉出軟硬度合適的麵糰。但是

不同品牌的麵粉或者米粉吸水率是不一樣的，在製作過程中如果完全按照配方的量，可能會得到偏軟或者偏硬的麵糰，可以在配方量的基礎上適當調整，以得到軟硬度合適的麵糰。

7 油炸小常識

在製作一些需要煎炸的零食時，油溫的控制很關鍵。家裏可以用一根筷子判斷油溫。

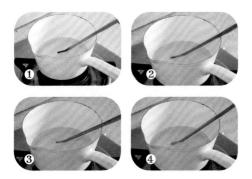

① 取一根乾筷子，斜插入油鍋，如果筷子周邊沒反應，説明油溫一二成熱。

② 如果周邊有小的氣泡冒出，説明油溫三四成熱。

③ 如果有很多細密的小氣泡，説明油溫五六成熱。

④ 如果氣泡非常密集，伴有劈裏啪啦的響聲，油溫為七八成熱。

　　不同的食物需要不同的油溫，一般油溫控制在六七成。油溫太低，食物不容易上色，而且煎炸時間太久會吸油過多；溫度太高，會造成表面上色太深，外表炸糊了可裏面還不熟。油溫加熱到目標溫度後，用小火加熱，保持油溫，防止油溫繼續升高。在實際操作中，可以根據食物的大小靈活判斷，如果加入食物後很長時間不浮起來、不變色，可以適當加大火力；如果很快變色，可能油溫高了，要減少火力。

　　油炸時可能會有一些散落的碎渣掉在油裏，要及時清理出來，否則會加快有害物質的產生，影響健康。

8 煮糖小常識

在本書零食製作中，起主要作用的糖是砂糖和麥芽糖，需要通過兩種糖的合理搭配，加熱煮至合適的狀態，做成糖果和其他零食。單獨用砂糖，製成的糖果容易起砂，不透亮，需要搭配適量的麥芽糖防止起砂等。麥芽糖為還原糖，吸水保持效果好，但是用量太多會導致糖果容易受潮。

　　煮糖漿時加水量要適宜，添加少量的水能把砂糖溶化即可。如果加水太多，會延長煮糖的時間，還會增加還原糖的生成。煮糖的溫度對糖果的軟硬度非常關鍵。如果煮糖溫度不夠，做出來的成品容易發黏；煮糖溫度太高，成品會硬脆，而且容易煮焦。可以滴一滴糖到冷水中來判斷：

① 如果糖散開，説明程度不夠。

② 如果糖成不黏手的柔軟狀態，適合用來做薩其瑪等。

③ 如果糖成硬脆的狀態，適合用來做芝麻糖等。

9 打發忌廉小常識

在蛋糕或者甜點中經常會用到淡忌廉，淡忌廉是液體狀態，一般需要冷藏保存。通過快速攪打裹氣，即所謂的打發，可以變成固體狀，用來擠花或者做蛋糕夾心等。

　　淡忌廉在低溫下容易打發，所以打發淡忌廉時，淡忌廉的溫度最好不

超過10℃，如果天氣熱，可以把打發淡忌廉的盆坐於冰水裏。

打發忌廉的過程如下：

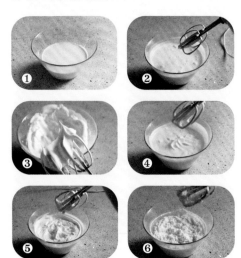

① 未攪打忌廉的狀態。
② 隨着攪打的進行，會看到液體的忌廉體積增大、慢慢變稠。
③ 繼續攪打到蛋白能立起直立的小尖角，即為乾性打發，適合做戚風蛋糕等；如果繼續攪打，蛋白很容易打發過頭，消泡無光澤。
④ 變成能保持清晰紋路的固體。
⑤ 攪打至淡忌廉有清晰的紋路，能立起小尖角時即可。
⑥ 如果繼續攪打，裹入的氣泡會破裂，組織坍塌、變得粗糙。所以在淡忌廉慢慢變得有紋路時，放慢攪打的速度，每間隔5秒鐘停下看一下狀態，防止打發過度。

10 打發雞蛋小常識

在製作零食的過程中，經常需要打發雞蛋，利用雞蛋打發裹氣，可以製作蓬鬆的蛋糕等。

打發雞蛋分為分蛋打發和全蛋打發。**分蛋打發：**

① 把蛋黃和蛋白分開，蛋白放到無水無油的容器裏，添加適量糖，用打蛋器高速攪打。
② 攪打到蛋白能立起彎彎的小尖角，即為濕性打發，適合做蛋糕卷。

全蛋打發：把整個雞蛋放入無油無水的碗裏打發，打發至能有清晰的紋路即可，可以用來做

海綿蛋糕。打發雞蛋時，加幾滴檸檬酸或者醋，有助打發。

11 攪拌麵糊的小常識

在製作蛋糕和餅乾時，為了保持鬆軟和酥脆的口感，防止麵筋的形成，一般採用翻拌的手法，即用刮刀將麵糊從下往上翻拌均勻，避免畫圈攪拌麵糊。

12 零食怎麼儲存？

做好的零食很容易受潮，影響口感和風味。需要裝在密封罐裏，可以添加乾燥劑保存。

第一章
令你放鬆心情的
解壓零食

人大多喜歡香甜的食物，這些食物
會給人帶來幸福感，讓人感到快
樂。在壓力大、不開心、焦躁的時
候，不妨獎勵自己一份香甜的小零
食，讓心情放鬆，又不影響工作。
在這一章，我會為你提供一些口味
香甜不膩，體積小巧，適合分享，
方便隨時取用的零食。

健康更好吃

無油薯片

⏰ 15分鐘
🍽 簡單

主料

馬鈴薯⋯250克

輔料

鹽⋯1茶匙

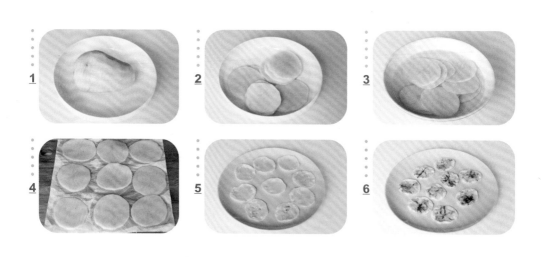

做法

1 馬鈴薯洗淨，用刮皮刀去皮。
2 洗淨，切成1-2毫米厚的薄片。
3 馬鈴薯片放入碗，加入鹽和浸過馬鈴薯片的水，浸泡10分鐘。
4 馬鈴薯片撈出，用廚房用紙擦乾表面。
5 將馬鈴薯片平鋪在碟上，放入微波爐，高火微波2分鐘。
6 翻面再微波2分鐘即可，冷卻後會變脆。

🍲 **烹飪秘笈**

1 馬鈴薯片儘量保持厚薄一致，這樣烹飪的時間一致，熟得比較均勻。

2 擦乾馬鈴薯表面，可以熟得更快。

3 不同型號的微波爐火力不一樣。可以1分鐘後拿出來觀察一下情況，避免燒焦。

家裏做的無油薯片充分保持了馬鈴薯的原香味，經得住品味，回味悠長，而且無油，熱量也非常低，多吃一些也不怕。

晶瑩剔透的美味

琥珀核桃仁

⏰ 20分鐘
🍽 簡單

主料

核桃仁…100克

輔料

熟白芝麻…10克　　幼砂糖…105克　　麥芽糖…40克

做法

1 核桃去掉外殼，取出核桃仁，放到150℃的焗爐中層，烤約15分鐘至出香味。

2 幼砂糖、麥芽糖和５０毫升水倒入鍋內，以中火加熱及攪拌，至不斷有大氣泡冒出。

3 鍋裏的大氣泡減少後，轉小火加熱，煮至黏稠，用筷子蘸一點糖，滴入冷水中，如果變得硬脆，就可以了。

4 加入核桃仁攪拌，使每一粒核桃仁都均勻裹上糖漿。

5 撒上熟白芝麻，攪拌均勻，趁熱平鋪在碟上。

6 冷卻後分成小塊即可。

🥄 烹飪秘笈

1 不同焗爐的溫度不同，注意觀察，不要烤焦。核桃仁趁熱倒入糖漿中，防止糖冷卻太快。

2 煮糖時需要注意後期轉小火，不斷攪拌，防止煮焦。

3 煮糖的程度很關鍵，糖滴到水裏要變硬脆，否則做好的琥珀核桃仁會黏手。

核桃仁的外面裹上一層糖，因其晶瑩剔透，類似琥珀而得名。核桃仁的香搭配糖的甜，還有酥脆的口感，深受大家喜歡。

鮮果皮大變身

百香果皮果脯

🕐 2小時
🔔 簡單

主料

百香果皮…150克

輔料

幼砂糖…75克

做法

1 百香果洗淨，切成兩半，挖出果肉。
2 果皮用刮皮刀去掉外皮和裏面的一層白膜，餘下150克果皮。
3 將果皮清洗乾淨，瀝乾水分，切成寬約1厘米條狀。
4 將百香果條和幼砂糖混合均勻，醃製2小時。
5 放入不黏鍋，加入100毫升水，中火加熱，不斷翻炒至鍋中水分消失。
6 轉小火，不斷翻拌至需要的口感即可。

🍵 烹飪秘笈

1 百香果選外皮不皺的，容易削皮。

2 百香果加糖醃製後會出一些水分，在翻炒前期可用中火，加快水分蒸發。

3 為了防止火大令糖焦掉，在鍋裏水分蒸發完後，一定要轉小火，不斷翻炒，慢慢加熱。

百香果清香濃郁，經常被用來做飲品、百香果蜜等。剩下的皮也非常香，但是常常被扔掉。其實百香果皮完全可以變廢為寶，一起做一道酸酸甜甜又有嚼勁的零食吧！

時間醞釀的美味
蘋果果脯

 30分鐘

🍽 簡單

主料

蘋果⋯10個

「一天一蘋果，醫生遠離我」，蘋果是非常有營養的一種水果。把蘋果做成果脯，雖然等待晾曬的時間有點長，卻能獲得最自然純正的味道。

做法

1 蘋果洗淨，去掉外皮和果核，一個蘋果切成8塊。

2 蘋果塊放到蒸鍋，蒸15分鐘。

3 蒸好的蘋果放在隔篩裏，放到太陽下面曬。

4 期間翻面，反復翻幾次，至果肉起皺，口感合適即可。

1

3

2

4

🍲 烹飪秘笈

1 切好的蘋果要儘快放蒸鍋裏蒸，如果沒有馬上蒸，可以泡在淡鹽水，防止氧化變色。

2 天氣不好時，可以將蘋果放入焗爐，90℃低溫慢烤，時間會比較久，邊烤邊觀察，至烤到合適的程度。

健康零添加

脆棗

🕐 20分鐘

🍽 簡單

主料

紅棗…200克

不添加任何調味料，只用天然的棗，低溫慢烤，做出來的脆棗棗香十足，口感脆脆，是非常健康的零食。

做法

1 紅棗洗淨，晾乾水分。
2 用幼飲管從紅棗一端穿過去，去掉棗核。
3 紅棗放入焗盤，放在105℃焗爐，烘烤約2小時。
4 取出冷卻即可。

🍲 烹飪秘笈

1 採用低溫慢烤的方法，期間翻動幾次，讓所有紅棗受熱均勻，冷卻後會變脆。

2 每個焗爐的溫度不一樣，注意觀察，溫度高容易焦。

3 建議選小粒紅棗，容易烤脆。

白裏透紅真好看

掛霜山楂

⏰ 20分鐘
🍽 簡單

主料

山楂…150克

輔料

幼砂糖…100克

做法

1 山楂洗淨,用開椰子器去掉果核。

2 攤開,晾乾表面水分。

3 不黏鍋內加入幼砂糖和75毫升水。

4 中小火加熱,輕輕攪拌,至鍋裏有大氣泡冒出。

5 繼續加熱,至大氣泡消失,出現細密的小泡泡。

6 關火,冷卻1分鐘,加入山楂,輕輕翻拌,隨着冷卻,山楂會掛滿白霜。

🥄 烹飪秘笈

1 山楂要晾乾表面的水分,有利於形成白霜掛在表面。

2 如沒有開椰子器,可以用粗飲管代替。

3 煮糖的溫度要控制好,出現細密的小氣泡時就可以關火加入山楂了,利用過飽和溶液的特點,冷卻後就會有白色的糖析出並掛在山楂上了。如果溫度太高就做成糖葫蘆。

4 關火後再加入山楂,防止溫度高把山楂燙熟。

秋季，在中國北方街邊經常看到掛滿白霜的山楂，一顆顆圓滾滾的，白裏透紅，真好看！偶爾來一顆，酸酸甜甜，絕對解壓。

好滋味，久回味
綠豆糕

⏰ 1小時
🍽 簡單

主料

去皮綠豆⋯250克

輔料

淡忌廉⋯30克　　　麥芽糖⋯40克　　　鹽⋯1克
幼砂糖⋯40克　　　牛油⋯20克

做法

1 去皮綠豆洗淨，加入浸過綠豆一倍高度的水，浸泡24小時。

2 倒掉水分，隔着紗布，放在蒸鍋蒸約30分鐘，至能捏成細粉。

3 綠豆、幼砂糖、麥芽糖、牛油、鹽和淡忌廉放入攪拌機，打成細膩的狀態。

4 倒入不黏鍋，小火攪拌翻炒，炒至稠厚、用手心能按壓成糰的狀態。

5 待綠豆餡不燙手後，搓成一個50克圓球。

6 放入模具，按壓成形，取出即可。

🍵 烹飪秘笈

1 如果天氣熱，需要放在雪櫃裏冷藏浸泡綠豆，以防止變壞。

2 為了減少炒的時間，浸泡好的綠豆要瀝乾再蒸，以減少含水量。

3 建議小火翻炒，防止焦鍋。

4 如果沒有攪拌機，也可以用大勺子或用手把綠豆壓碎。如果擠壓的綠豆不夠細膩，可以在篩子壓一遍。

綠豆糕是中國的傳統小吃，廣受大家喜愛。一口綠豆糕，細膩綿密，甜香沁入心脾，這可能是世間最美妙的味道。

老北京的傳統小吃

驢打滾

⏰ 1小時

🍽 簡單

主料

糯米粉…100克

輔料

豆沙餡…100克　　　　熟黃豆粉…50克　　　　熟糯米粉…20克

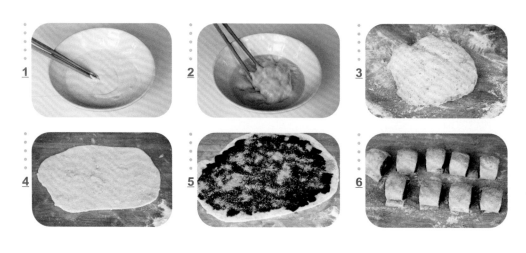

做法

1 糯米粉和120毫升水混合，攪拌均勻。

2 蓋上保鮮紙，放入蒸鍋蒸20分鐘，蒸至呈透明狀。

3 桌面撒一層熟黃豆粉和適量熟糯米粉，戴上手套將蒸好的糯米粉糰放到桌面。

4 將粉糰擀成約2毫米厚。

5 均勻塗抹豆沙餡，撒上一層黃豆粉。

6 從一端捲起，捲成卷，撒上黃豆粉，切成寬約2厘米段即可。

🍲 烹飪秘笈

1 蒸熟的糯米粉糰比較黏，可以撒點熟糯米粉防黏。

2 切的時候，可以把刀沾一沾水，防止黏刀。

3 糯米失水容易口感變硬，做好後需要密封保存，並儘快吃完。

驢打滾是非常傳統的一道小吃，成品黃、白、紅三色分明，非常好看。最後撒上熟黃豆粉，好像驢打滾時揚起的陣陣黃土，因此得名「驢打滾」。

一口一個，停不下來

貓耳朵

⏰ 40分鐘

🍽 簡單

薄薄的一層，一圈一圈，兩種顏色，吃一口香脆。這個配方裏加了紫薯，顏色自然好看，而且更健康。

主料

低筋麵粉…400克　　雞蛋…2個（約110克）

輔料

熟紫薯…60克　　植物油…500毫升

幼砂糖…50克

做法

1 熟紫薯放碗內壓碎。

2 加入1個雞蛋、20克幼砂糖、50毫升水和200克麵粉，揉成光滑的紫色麵糰。

3 200克麵粉、1個雞蛋、30克幼砂糖、20毫升油和60毫升水混合，揉成光滑的白色麵糰。

4 兩個麵糰蓋上保鮮紙，靜止鬆弛10分鐘，分別擀成厚一兩毫米的大片。

5 白色麵片上刷一點水，放上紫色麵片，紫色麵片上刷一點水，從一端捲起，捲成卷。

6 放入雪櫃冷凍1小時，取出，切成厚約1毫米薄片。

7 鍋裏倒入剩下的植物油，燒至七成熱，放入貓耳朵，用勺子輕輕推動至上色均勻。

8 兩面上色後，用笊籬撈出隔油即可。

烹飪秘笈

1 兩個麵糰擀成的片儘量大小、形狀、厚度一致，做出來的貓耳朵才好看。

2 貓耳朵儘量切得薄些，愈薄愈脆。

3 也可以用焗爐烤，或者用平底鍋煎，只是味道會稍微打折扣。

唇紅齒白一美人

雪媚娘

⏰ 1小時
🍽 簡單

主料

糯米粉…50克　　牛奶…85毫升
粟粉…15克　　　淡忌廉…100克

輔料

牛油…10克　　　熟糯米粉…20克
芒果粒…100克　　幼砂糖…35克

做法

1. 糯米粉、粟粉、25克幼砂糖、牛奶混合均勻，蓋上保鮮紙，蒸約15分鐘，至整體呈現透明狀、無白色結塊。

2. 加入牛油，揉至牛油完全被吸收入粉糰，成光滑柔軟的粉糰。

3. 蓋上保鮮紙，放入雪櫃冷藏。

4. 淡忌廉加入10克幼砂糖，用電動打蛋器攪打2-3分鐘，至有清晰的紋路，可以立起小尖角。

5. 將淡忌廉裝入擠花袋，擠花袋底端剪一個直徑約1厘米小角。

6. 將冷卻好的粉糰分成25克一個的小塊。

7. 蘸熟糯米粉，擀成厚約2毫米的圓餅。

8. 先擠上適量淡忌廉，再加上芒果粒，最後擠上一些淡忌廉，皮子邊緣向中間收攏，收口即可。

晶瑩剔透的外表，包裹着入口即化的餡心，再搭配喜歡的水果，咬一口，整個心都化了。

烹飪秘笈

1 蒸熟的粉糰為透明狀，不熟的會有白色，用筷子翻一下，全部為透明狀即可。

2 淡忌廉低溫打發性能好，打發淡忌廉的盆可以先放到雪櫃冷藏一段時間。如果天氣熱，可以隔冰水打發。

3 熟糯米粉是用來做手粉防黏的，可以把生糯米粉放到鍋裏，小火炒至微黃，也可以用微波爐做成熟的。

愛上吃蔬菜

紅蘿蔔糖

⏰ 30分鐘
🍽 簡單

主料

紅蘿蔔⋯250克

輔料

幼砂糖⋯125克

🍲 **烹飪秘笈**

1 醃製紅蘿蔔時不要加水，紅蘿蔔中的水分已經足夠了，水多不容易煮乾。

2 攪拌時動作要輕，防止把紅蘿蔔片攪碎。

3 煮至水分蒸發、鍋中液體黏稠時，可以關火攪拌，防止火大煮成焦糖。

做法

1 紅蘿蔔用刮皮刀刮掉外皮。

2 切成約2毫米厚片。

3 紅蘿蔔片和幼砂糖混合均勻，放置20分鐘。

4 紅蘿蔔會析出大量水分，砂糖基本溶化。

5 放入鍋中，以中火煮，輕輕翻動，防止焦鍋。

6 煮至鍋內液體較黏稠，水分基本蒸發，轉小火並不停攪拌。

7 待鍋中液體基本消失，鍋中出現微黃色糖結晶，關火，用筷子把黏到一起的紅蘿蔔片撥開。

8 慢慢炒至紅蘿蔔表面有微黃色糖結晶，並呈乾爽狀態即可。

將蔬菜做成甜甜的糖，令你再也沒有藉口不吃蔬菜了。橙色的紅蘿蔔做成糖，顏色非常好看，也是適合分享給朋友的一種零食。

經典懷舊小零食

花生牛軋糖

⏰ 20分鐘
🍱 簡單

主料

原味棉花糖…100克　　　熟花生仁…50克

輔料

全脂奶粉…50克

做法

1 花生仁去掉外皮，用擀麵棒擀成大顆粒。

2 棉花糖放入大碗，放入微波爐，中高火轉1分鐘至完全融化。

3 奶粉和花生碎混合均勻，倒入棉花糖中，攪拌均勻。

4 倒入模具，按壓成形。

5 冷卻後，用刀切成4-5厘米長、約2厘米寬塊狀。

6 撒入適量奶粉，拌勻即可。

🍲 烹飪秘笈

1 棉花糖一定要買原味的，才不影響牛軋糖的風味。

2 加熱時要防止棉花糖焦掉，可以間隔一會兒取出查看狀態，至完全融化即可。

3 棉花糖很容易冷卻，倒入奶粉和花生碎後要快速攪拌，防止冷卻後攪不動。如攪不動，可以把混合物再放進微波爐10秒左右，至混合物變軟。

4 撒入奶粉可以防止糖塊黏在一起，做好的糖需要密封保存。

還記得兒時經典的小零食花生牛軋糖嗎？甜甜的糖融合了濃濃的牛奶和花生的香味，口感韌性十足，還能咀嚼到花生的顆粒，那滋味，令人超級懷念！

味道剛剛好

太妃糖

⏰ 30分鐘
🍽 簡單

主料

淡忌廉…300克　　　紅糖…40克
幼砂糖…80克　　　麥芽糖…60克

輔料

鹽…2克

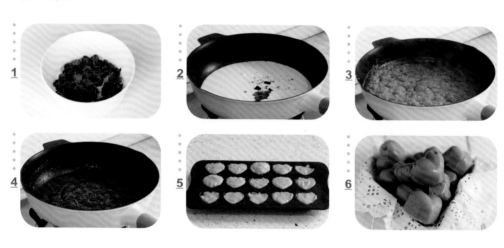

做法

1 紅糖用刀背敲碎。
2 淡忌廉、幼砂糖、紅糖、麥芽糖和
　鹽全部加入不黏鍋。
3 開中火，不停地攪拌煮糖，會有大
　氣泡冒出。
4 煮到大氣泡基本消失，糖變得黏
　稠，轉小火攪拌。
5 攪拌至糖漿溫度達到120℃左右，
　關火，倒入模具整形。
6 待糖冷卻至不燙手，取出，密封保
　存即可。

🍲 烹飪秘笈

1 糖變得黏稠後，注意轉小
火，不斷攪拌，防止焦鍋。
2 如果沒有溫度計，可以取一
點糖放入冷水中，冷卻後不黏
手、有一定韌性即可。如果煮
過頭，油會容易析出來。
3 如果做出來的糖冷卻後黏
手，說明煮糖的溫度不夠。糖
太硬，則說明煮糖溫度過了。

太妃糖是由英語「toffee」音譯而來，可不是太妃專吃的糖。糖裏面可以混合忌廉、紅糖、咖啡和朱古力等，柔軟而有韌性，味道非常棒。

香甜酥脆口口香
花生芝麻糖

40分鐘
簡單

主料

花生仁…200克　　白芝麻…20克
黑芝麻…50克　　砂糖…200克

輔料

檸檬汁…10毫升　植物油…1湯匙

花生芝麻糖是非常傳統的小零食，最脆最香的零食說的就是它了。濃香的芝麻和花生，加上甜甜的砂糖，好吃到完全停不下來。

做法

1 黑白芝麻用水沖洗乾淨，瀝乾水分。放在鍋內，小火炒出香味。

2 花生仁放入鍋內，炒出香味，放嘴裏嚐一下，有明顯的熟花生香味即可。

3 取出花生，冷卻後去掉花生皮，放到保鮮袋，用擀麵棒擀成較大的碎顆粒。

4 植物油、砂糖和20毫升水放到不黏鍋，中小火加熱，不斷攪拌。隨溫度升高，有大氣泡冒出。

5 待糖液變得較黏稠，轉小火加熱，加入檸檬汁煮至約140℃，將糖滴到冷水裏能成硬脆塊狀。

6 倒入花生碎、黑芝麻和白芝麻，快速翻拌均勻。

7 倒入不黏焗盤內，待成形。

8 冷卻至40℃左右，切成小塊即可。

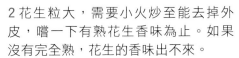

烹飪秘笈

1 芝麻的水分未乾時，可以中火炒，待表面水分乾了後一定要小火炒，防止炒焦，至出香味就可以了。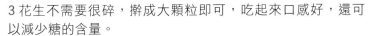

2 花生粒大，需要小火炒至能去掉外皮，嚐一下有熟花生香味為止。如果沒有完全熟，花生的香味出不來。

3 花生不需要很碎，擀成大顆粒即可，吃起來口感好，還可以減少糖的含量。

4 糖冷到有一點餘溫狀態就可以切了，如果完全冷卻，切的時候容易散碎。

軟彈可口，韌性十足

高粱飴軟糖

⏰ 2小時
🔔 中級

主料

幼砂糖…330克　　綠豆澱粉…60克

輔料

檸檬…1/2個　　熟生粉…20克

🍲 烹飪秘笈

1 沒有綠豆澱粉，使用粟粉或紅薯澱粉也可以。

2 煮的過程中要不斷攪拌，注意鍋底的糖漿要翻起來，防止焦鍋。

做法

1 將綠豆澱粉、60克幼砂糖和60毫升水混合均勻，在溫水浴中加熱至60℃，攪拌均勻。

2 過濾得到澱粉糖漿。

3 把140毫升水煮沸，慢慢沖入上述的澱粉糖漿，不斷攪拌，沖成黏稠的澱粉糊狀。

4 加入剩餘的270克幼砂糖，擠入檸檬汁，不停攪拌使糖完全化開。

5 放入鍋中，中小火加熱煮煮，並用筷子不斷攪拌，避免糊鍋，至有大氣泡冒出。

6 煮至糖漿變得很黏稠，鍋中不冒大氣泡為止。可用筷子蘸一些糖漿，放在冷水中冷卻，能結成有彈性的塊即可。

7 鍋離火，倒入撒有熟生粉的模具裏，按壓整形。

8 冷卻後切成小塊即可。

高粱飴也稱飴糖，口感細膩、微甜可口，以「彈、韌、柔」兼備而著稱，其中山東生產的高粱飴最為出名，深受大家喜歡。

街頭巷尾的美味

米通

 20分鐘

🍽 簡單

主料

大米花…100克　　　　幼砂糖…50克　　　　麥芽糖…50克

輔料

熟黑芝麻…10克　　　　小紅莓乾…30克

做法

1 幼砂糖和麥芽糖放入鍋中，加入約50毫升水，中火攪拌煮煮。

2 煮的過程中會有大氣泡冒出。

3 煮至大氣泡消失，轉小火。煮至糖液變得黏稠，用筷子蘸一點滴入冷水中，糖液變脆即可。

4 倒入大米花、黑芝麻和小紅莓乾，快速攪拌至米花均勻裹上糖漿。

5 倒入模具，按壓整形。

6 冷卻至40℃左右、不燙手後，切塊，密封保存。

🍲 烹飪秘笈

1 倒入米花後，要快速攪拌均勻，防止遇冷後糖凝固，不容易攪拌。

2 米花冷卻至40℃左右可以切，完全冷卻後才切容易碎。

3 可以借助一個小碗，方便收口整形。

米通是一種傳統小零食，香甜可口，又具有米的清香。咬上一口，感覺米花在口中瞬間膨脹，那是很美妙的感覺。

充滿愛的味道
榛果朱古力

⏰ 20分鐘
🍽 簡單

主料

黑朱古力…200克

輔料

熟榛子碎…100克

朱古力的品種和花形有很多，自己做一些喜歡的造型，加入喜歡的堅果，真是充滿濃濃的愛意，無論何時來一顆，都能感受到愛的力量。

做法

1 朱古力放入碗內，坐於約50℃的溫水。

2 攪拌至朱古力融化成細膩的朱古力漿，加入榛子碎，攪拌均勻。

3 待攪拌好的朱古力漿冷卻到30℃左右，倒入模具，放雪櫃冷藏30分鐘。

4 取出，把朱古力倒扣出來，放入包裝盒即可。

 烹飪秘笈

1 朱古力要選可可脂含量高於60%的純黑朱古力，純度愈高風味愈好。

2 融化朱古力的溫度不要太高，朱古力漿在30℃左右放入雪櫃，成品表面光澤度好，而且室溫下不會融化。如果朱古力漿溫度較高就放進雪櫃冷藏，朱古力在室溫下很容易變軟融化。

3 榛子碎可以購買市售的，也可以用生榛子仁烤後壓碎。

夏天裏的涼快

乳酪鮮果雪條

 15分鐘

簡單

最健康的食材、最簡單的做法、最好看的外形、最純真的味道，絕對是夏天裏涼透心的食品。夏天解暑，令你無憂。

主料

原味乳酪⋯400克

輔料

芒果⋯50克　　　　哈密瓜⋯50克

藍莓⋯50克　　　　蜂蜜⋯40克

西瓜⋯50克

1

2

3

4

做法

1 芒果、西瓜和哈密瓜去皮，切成約0.5厘米小方粒。

2 藍莓洗淨，瀝乾。

3 蜂蜜和乳酪攪拌均勻，加入水果粒拌勻。

4 倒入模具，放入雪櫃冷藏一夜即可。

烹飪秘笈

1 可以任意添加自己喜歡的水果。

2 可以根據喜好的甜度，適量添加蜂蜜。

3 剛從雪櫃取出的雪條，可以把模具放至熱水中片刻，很容易脫模。

解壓絕佳飲品

紅豆牛奶西米露

⏰ 30分鐘
🍽 簡單

主料

牛奶…250毫升　　　小西米…40克
紅豆…100克

輔料

幼砂糖…50克

無論春夏秋冬，喝一碗微甜的紅豆牛奶西米露，感覺擁有了全世界。夏天可以喝冰爽的；冬天可以喝冒熱氣的，不説了，趕快去做一碗吧！

做法

1 紅豆清洗乾淨，放在水中浸泡8小時。

2 倒掉水，將紅豆放入鍋，加入幼砂糖和約250毫升水。

3 中火煮約20分鐘至紅豆熟透，大火煮至水分收乾，盛出備用。

4 取另一鍋加入約500毫升水，水燒開後加入已洗淨西米。

5 煮約10分鐘至西米外圈透明，內部還有白色硬心，關火，待5分鐘至整體呈透明狀。

6 撈出西米，沖冰水冷卻。

7 將西米放入牛奶。

8 加入煮好的紅豆即可。

烹飪秘笈

1 紅豆泡至能輕鬆捏透，煮的時候容易熟。

2 紅豆不要煮至破皮，否則就成了豆沙。熟透又能保持顆粒最好。

3 西米不要煮過火，否則容易完全化到水裏。煮至有一點白心，再關火待至完全透明即可。煮熟的西米用冷水沖，可以去掉外層的澱粉，更通透爽口。

4 如果喜歡喝熱飲，可以把牛奶加熱；喜歡喝冷飲，可以將牛奶冰鎮。

永遠吃不夠

紅豆燒仙草

⏰ 1小時

🔔 簡單

主料

仙草粉…20克

輔料

芋頭粒…30克　　木薯澱粉…90克　　蓮子…20克

紫薯粒…30克　　花生仁…20克　　幼砂糖…30克

南瓜粒…30克　　紅豆…20克

做法

1 仙草粉加入100毫升冷水中，攪拌均勻成仙草汁。

2 鍋裏加入500毫升水煮沸，緩緩倒入仙草汁，攪拌成細滑狀態。

3 倒入容器中，放入雪櫃冷藏至凝結成塊。

4 芋頭粒、紫薯粒和南瓜粒蒸熟，趁熱壓碎，拌勻，添加適量開水，分別加入30克木薯澱粉，揉成光滑的粉糰。

5 粉糰分別搓成粗約1厘米長條，切成寬約1厘米小粒或搓成小圓子。

6 放入沸水煮約4分鐘，至芋圓整體呈透明狀，撈出過涼水。

7 紅豆放冷水中浸泡4小時，和花生仁、蓮子一起放入鍋裏，加入500毫升水和30克幼砂糖，煮熟。

8 盛入碗內，加入燒仙草和芋圓即可。

燒仙草是甜品店裏人氣比較旺的小吃，黑色的冰粉，加上彈牙的芋圓，再搭配牛奶、煉奶、堅果等，層次豐富，無論何時，一碗下肚總是會令你非常滿足。

烹飪秘笈

1 仙草粉要先完全溶解在冷水中,再加到沸水中,直接加到沸水中會溶解不好,有顆粒。

2 芋圓一次可以多做點,做好的芋圓不用煮,直接放雪櫃冷藏保存,吃的時候再煮熟即可,也可選購現成買的芋圓。

3 紅豆、花生仁和蓮子煮熟即可,最好能保持完整大顆粒。

4 可以根據喜好的甜度適當添加蜂蜜等。

顏值口味俱佳

雙莓Smoothie

⏰ 15分鐘

🍽 簡單

主料

原味乳酪…250克　　藍莓…20克
士多啤梨…100克

輔料

香蕉…250克

Smoothie清清涼涼，很舒爽，搭配不同的水果，可以呈現很多美麗的造型和顏色，一杯杯漂亮的Smoothie，清涼了炎熱的夏天。

做法

1 士多啤梨和藍莓洗淨。

2 取兩個士多啤梨，切成厚約1毫米的薄片，貼在杯子內壁上。

3 乳酪、香蕉、士多啤梨和藍莓放入攪拌機打成泥，倒入杯子裏。

4 頂部用適量士多啤梨和藍莓裝飾即可。

🥣 **烹飪秘笈**

1 選擇原味的乳酪，不會影響Smoothie的整體風味。

2 加入香蕉可以讓Smoothie的口感更厚實。

3 士多啤梨要切得儘量薄一點，輕輕按壓一下，才容易貼在杯子壁上。

1

2

3

4

暖心暖胃的小食
薑汁撞奶

🕐 30分鐘

🍽 簡單

主料

純牛奶⋯250毫升

輔料

生薑⋯80克　　　蜂蜜⋯10克

薑和牛奶碰撞在一起，會產生怎樣的火花？薑汁可以使牛奶中的蛋白質凝固，不需要添加其他食材，就會產生口感滑嫩的薑汁撞奶，喝一碗，暖心暖胃。

做法

1 生薑去皮，用磨茸器擦成細絲。用紗布包裹好薑絲，用力擠出薑汁。

2 牛奶放入鍋裏，加熱至70℃~80℃。

3 牛奶倒入薑汁中，靜置冷卻。

4 冷卻後，牛奶凝結成一體，加上蜂蜜即可食用。

烹飪秘笈

1 一定要選純牛奶，看一下營養成分表的蛋白質含量，蛋白質含量愈高的牛奶愈容易凝固。

2 牛奶倒入薑汁前，要將薑汁攪拌均勻，否則促進凝固的物質會沉澱在碗底。

3 需要用老薑，不要用嫩薑。

冬天裏的一把火
牛奶熱可可

⏰ 20分鐘
🔔 簡單

主料

牛奶…250毫升　　可可粉…5克

輔料

黑朱古力…5克　　幼砂糖…10克
棉花糖…4粒

牛奶熱可可做法簡單，卻最能溫暖人心，在寒冷的冬天喝一杯，整個人都暖暖的，立刻充滿活力。

做法

1 將牛奶和可可粉放入鍋裏，混合均勻，加熱至微沸的狀態。
2 加入黑朱古力和幼砂糖，拌勻。
3 將牛奶熱可可倒入杯子。
4 放上棉花糖即可。

🍲 烹飪秘笈

不一定放入棉花糖，可根據喜好選擇其他輔料。

第二章
令你元氣滿滿的
抵餓零食

不在飯點，卻感覺饑餓時，補充一點零食
會穩定血糖，令你快速恢復元氣，也避免
了在正餐中暴飲暴食。在這一章，我會為
你提供一些澱粉類或奶類的小零食。澱粉
進入體內可以較快地分解成葡萄糖，為人
體提供能量。相比精製的糖，澱粉不會引
起血糖的急劇波動。奶類零食由於富含蛋
白質和脂肪，也有較強的飽腹感，能為人
體及時補充能量。

街頭小食家裏做

糖烤栗子

⏰ 1小時
🍽 簡單

主料

栗子…250克

輔料

植物油…1茶匙　　幼砂糖…10克

做法

1 栗子清洗乾淨，瀝乾水分。
2 用刀在栗子凸起的一面劃一刀，劃破栗子皮。
3 栗子加入植物油，攪拌均勻。
4 放入焗爐中層，180℃烤25分鐘，至栗子皮都裂開。
5 幼砂糖溶入2茶匙水，刷在栗子表面。
6 繼續烤10分鐘，至栗子軟糯熟透即可。

🍲 **烹飪秘笈**

1 選取大小均勻、不太大的栗子，可以保證同時烤熟，且烤製時間不會太久，口感好。

2 在栗子凸起的一面切口，烤後開口會開裂得比較漂亮。

3 外皮刷一層油可防止烘烤時水分流失。

街頭甜甜的糖炒栗子總會勾起食慾，見到它就會感到饑腸轆轆。吃一顆，甜甜的、香香的、糯糯的，一顆吃完還要一顆。

健康磨牙小零食

番薯乾

⏰ 30分鐘

🍽 簡單

主料

番薯⋯1000克

秋天番薯收成後，很多人都會曬番薯乾。曬乾的番薯乾容易儲存，有嚼勁，非常適合當解餓的零食。

做法

1 番薯洗乾淨，切塊，蒸熟。

2 冷卻後，去掉外皮，切成長塊。

3 隔篩鋪上油紙，擺上番薯條。

4 放在太陽下曬3天至水分蒸發大半，變得有嚼勁即可。

🥣 烹飪秘笈

1 根據自己喜歡的口感，可以調整曬的時間。

2 曬一段時間把番薯條翻一下，保證每一面都曬得均勻。

香甜流油

烤番薯

 1小時

🔔 簡單

主料

紅心番薯…400克

🧁

番薯是一種非常健康的食材，烤得流油的番薯也是一種解餓的小零食，又可以滿足人們吃零食的慾望，還不容易令人長胖。

做法

1 番薯清洗乾淨。
2 用廚房用紙擦乾表面水分。
3 烤架上墊一張錫紙，番薯放在焗爐中層的烤架上。
4 200℃上下火烤35分鐘，烤至番薯可以用筷子輕鬆插透、流出黃啡色蜜汁即可。

1

2

3

4

🍲 烹飪秘笈

1 選擇偏細長的番薯，不要選圓滾滾的，不容易熟。

2 紫薯和白薯水分少、澱粉多，不適合烤製。

3 烤架上墊一張錫紙，可以防止流出的蜜汁滴到焗爐底部難清理。

4 根據番薯大小、焗爐溫度，適當增減烤製時間。

又香又脆
烤香芋條

 2小時
 簡單

沒有過多的加工，無須添加過多的調味品，只利用食材最原始的味道，這款烤香芋條就能征服你的味蕾，是一款非常健康的小零食。

主料

荔浦香芋…500克

輔料

椒鹽…1茶匙　　植物油…2茶匙

做法

1 芋頭洗淨，用刮皮刀去掉外皮。
2 再洗淨，切成食指粗條狀。
3 芋條加入植物油，攪拌均勻。
4 放入焗爐中層，200℃烘烤20分鐘。
5 取出，均勻撒上椒鹽。
6 繼續烤10分鐘至酥脆即可。

烹飪秘笈

1 根據焗爐的溫度適當調整時間，防止烤焦。
2 芋條不要切得太粗，否則不容易熟。

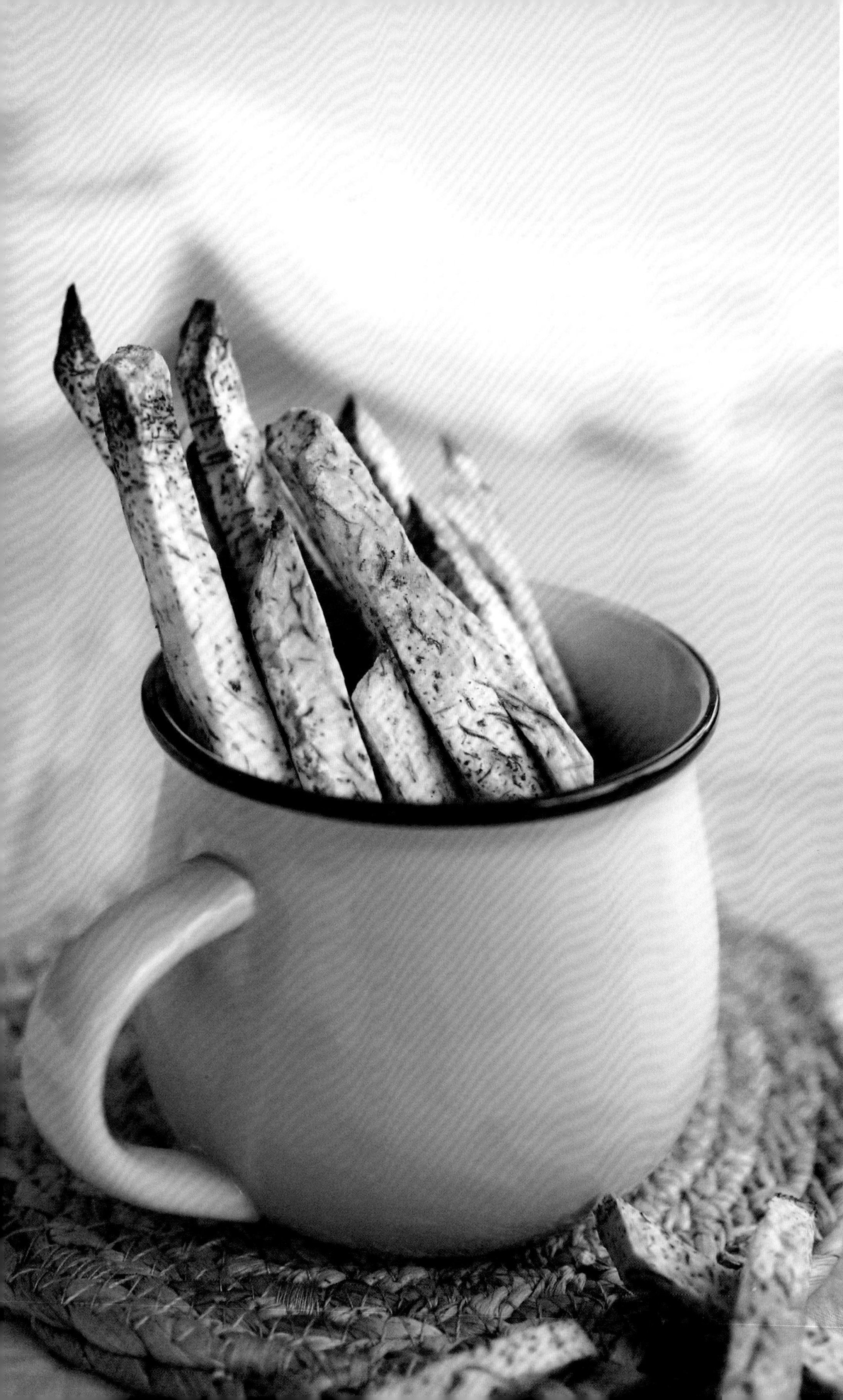

鬆軟細膩

黑米糕

 1.5小時

簡單

鬆軟的黑米糕，比大米米糕香氣更濃。在來不及做早飯的時候，一個黑米糕是很不錯的選擇。

主料

黑米⋯60克　　　　雞蛋⋯4個（約220克）
糯米粉⋯60克

輔料

幼砂糖⋯70克　　　　植物油⋯20毫升

做法

1 黑米洗淨，晾乾表面。放入攪拌機打成細膩的粉末，過篩。

2 雞蛋和幼砂糖放入無水無油的碗內，混合均勻。

3 將碗座於約40℃的水裏，用電動打蛋器打發蛋液。

4 將蛋液打發至濃稠，提起打蛋器，滴落到表面的蛋糕紋路不會馬上消失。

5 倒入黑米粉和糯米粉，用刮刀從下往上翻拌，使蛋糕和米粉混合均勻。

6 把植物油倒入麵糊，翻拌均勻。

7 將麵糊倒入模具，端起來用力振動幾下，振出裏面的大氣泡。

8 放入160℃預熱的焗爐中層，烤45分鐘，出爐冷卻後脫模即可。

烹飪秘笈

1 打好的黑米粉最好過篩，去掉小顆粒，這樣黑米糕的口感更好。

2 全蛋在40℃左右容易打發，所以天氣冷的時候最好座於溫水下打發。

3 全蛋打發至表面的紋路不消失即可，大約需要10分鐘。

4 烤的時候注意觀察，為了防止表面焦黑，可以在烘烤的後半段時間蓋上錫紙。

蛋香四溢好滋味

雞蛋仔

 30分鐘

簡單

「派卜卜」的雞蛋仔是老少咸宜的美味。做好後可以搭配乳酪、水果、朱古力等食用，讓你在家裏也能享受美味的甜品。

主料

雞蛋…2個
低筋麵粉…140克

粟粉…20克
牛奶…120毫升

輔料

泡打粉…5克
幼砂糖…50克

植物油…50毫升

做法

1 雞蛋、牛奶、植物油和幼砂糖混合，攪打均勻。
2 麵粉、泡打粉和粟粉混合均勻，加入蛋液中。
3 用刮刀從下往上翻拌均勻。
4 預熱多功能煎鍋焗盤，兩面刷一層油，倒入麵糊。
5 儘快蓋上機器，翻面，讓兩面焗盤都有麵糊。
6 烤約3分鐘，至兩面都成金黃色即可。

烹飪秘笈

1 注意攪拌手法，不要畫圈攪拌，以防止麵糊起筋、蛋糕不鬆散。
2 麵糊倒入焗盤後要儘快合上機器翻轉，保證做出圓鼓鼓的雞蛋仔。
3 不同的機器溫度會有差異，適當調整時間，至表面酥脆即可。

最簡單的小零食

吐司

 30分鐘

🍽 簡單

主料

吐司麵包…5片

換個做法，吐司就
能變成容易儲存又
很受歡迎的小零食。
做好的吐司密封保
存，隨時隨地解決
饑餓問題。

做法

1 一片吐司麵包切成4小塊。

2 擺放在鋪了烘焙用紙的焗盤裏。

3 放入焗爐中層，140℃烘烤15分鐘。

4 取出翻面，繼續烘烤15分鐘至酥脆即可。

烹飪秘笈

1 其他形狀比較規則的
麵包或蛋糕，都可以低
溫慢烤成乾。

2 可以在吐司麵包上刷
一層牛油或蜂蜜等，口
感和風味更好，但是熱
量會更高。

必備的家常點心

桃酥餅乾

⏰ 40分鐘　🍽 簡單

主料

低筋麵粉…250克　雞蛋…1個
　　　　　　　　（約55克）

輔料

黑芝麻…10克　　幼砂糖…75克
梳打粉…2克　　　粟米油…85毫升

桃酥含油量較高，一般500克麵粉配250毫升油，做好的桃酥酥得香脆。家裏做比一般市售的桃酥減少了油的含量，做出的桃酥一樣酥脆可口，而且更加健康，值得推薦。

做法

1 粟米油、幼砂糖和雞蛋液放入碗內，攪拌均勻。
2 麵粉和梳打粉混合均勻，加入蛋液中，翻拌成麵糰。
3 取50克麵糰，用掌心搓成光滑的圓球。
4 將圓球按壓成厚約1厘米的餅。
5 表面撒上適量的黑芝麻。
6 放入180℃預熱的焗爐中層，烤18分鐘即可。

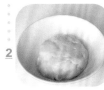

🍲 烹飪秘笈

1 麵粉和蛋液翻拌均勻即可，不要按壓得太實，否則烤後桃酥的蓬鬆效果差。

2 如果烤後桃酥上色比較淺，可以移到焗爐上層再烤5分鐘。

3 桃酥烤好冷卻後，放入密封袋中保存，防止受潮。

4 麵糰也可以放入模具，壓出不同形狀的桃酥。

驚艷味蕾

曲奇餅

⏰ 30分鐘
🍽 簡單

曲奇餅最令人驚艷的莫過於
金黃的外表，奶香濃郁，咬
一口，酥脆香口。做一盤密
封在罐子裏，可以吃很久，
想想就超級開心。

主料

低筋麵粉⋯200克　　雞蛋⋯1個（約55克）

輔料

糖粉⋯65克　　牛油⋯130克

做法

1 牛油於室溫下放至軟化。

2 牛油放於碗裏，用電動打蛋器攪打至順滑。

3 加入糖粉，用電動打蛋器攪打至牛油顏色發白、
　體積膨大呈羽毛狀。

4 分三次加入打散的雞蛋液，每次攪拌均勻後，再
　次添加。充分攪拌均勻，防止蛋液和牛油分層。

5 加入過篩的麵粉。

6 用刮刀翻拌均勻，直到麵粉全部潤濕。

7 把麵糊裝入擠花袋，用喜歡的花嘴擠在焗盤上。

8 放入190℃預熱的焗爐中層，烤10分鐘左右即可。

🥄 烹飪秘笈

1 牛油軟化至能用手指輕輕按動又不黏手為宜，太軟不利於保持花形。

2 注意觀察焗爐，防止焦掉。

3 烤好的餅乾在室溫下冷卻後，放在密閉容器裏，可以保持酥脆的口感。

小朋友最喜歡

酥香小饅頭

🕐 40分鐘
🔔 簡單

在低筋麵粉中添加了粟粉，令酥香小饅頭口感更酥鬆，入口即化，奶香十足。這是一款非常適合小朋友的零食。

主料

粟粉…140克	雞蛋…50克
低筋麵粉…30克	

輔料

奶粉…25克	牛油…50克
糖粉…25克	

做法

1 糖粉加到雞蛋液中，攪打至糖粉溶化。
2 牛油用溫水浴融化。
3 把牛油倒入蛋液中，攪打均勻。
4 粟粉、低筋麵粉和奶粉混合均勻，加入到蛋液中。
5 揉成光滑的麵糰。
6 將麵糰搓成直徑約1厘米長條，再切成寬約1厘米小塊。
7 用手心搓成光滑的小圓球，擺放在焗盤上。
8 放入160℃預熱好的焗爐中層，烤15分鐘至表層金黃即可。

烹飪秘笈

1 沒有糖粉可以添加綿白糖，攪拌至綿白糖溶化即可。

2 不同的麵粉吸水率不同，根據麵糰的狀態適當增減蛋液的量。

3 小圓球一定要用手心搓至表面完全光滑再烤，才不容易裂。

4 焗爐溫度不要太高，溫度太高也容易烤裂。

健身減肥必備零食

香蕉燕麥條

⏰ 1小時
🔔 簡單

主料

香蕉…200克　　　即食燕麥…160克

輔料

蜂蜜…2茶匙　　　提子乾…10克　　　小紅莓乾…10克

做法

1 香蕉去皮，放入碗中，用叉子搗碎。
2 加入燕麥、蜂蜜、提子乾、小紅莓乾攪拌
　均勻。
3 將混合好的材料放入模具，用杓子壓實。
4 放入180℃預熱的焗爐中層，烤25分鐘。
5 取出，放在網架上冷卻。
6 冷卻後切成條，密封保存即可。

🥣 **烹飪秘笈**

1 最好選用即食燕麥片，口感比生的整粒燕麥較好。

2 香蕉要選熟透的，能輕鬆壓成泥而且更甜。如果沒有完全變軟，可以放微波爐加熱至香蕉皮變黑，容易壓成蓉。

用燕麥和香蕉做的能量棒，熱量低又可以延緩胃排空，烘烤後味道也很香，特別適合健身減肥人士。

下午茶的最佳拍檔

核桃意式脆餅

 1小時

中級

意式脆餅是一種需要烘烤兩次的餅乾，油脂含量低，可以任意添加喜歡的堅果，口感酥脆，風味香醇，是一款適合常備的休閒小點心。

主料

低筋麵粉…150克　　雞蛋…1個（約55克）
核桃仁…30克

輔料

泡打粉…3克　　　　幼砂糖…40克
牛奶…20毫升　　　　牛油…20克

做法

1 核桃仁放入150℃焗爐，烤10分鐘至香脆。
2 牛油在室溫下軟化，加入幼砂糖攪打均勻。
3 加入雞蛋液和牛奶攪打均勻。
4 低筋麵粉和泡打粉混合均勻，加入蛋液中。
5 翻拌至麵粉全部濕潤，加入核桃仁，揉成麵糰。
6 將麵糰整理成寬約5厘米、厚約1.5厘米的長條狀，放入180℃預熱的焗爐中層烤20分鐘。
7 取出，稍微冷卻後切成約1厘米寬長條。
8 再放入焗爐，以160℃烘烤20分鐘至酥脆即可。

🥣 烹飪秘笈

1 意式脆餅需要烘烤兩次，第一次主要是定形，第二次需要低溫把水分烤乾。

2 第一次烤的時候表面不要烤得太脆，否則切時容易碎。

3 可以添加其他喜歡的堅果；也可添加可可粉、抹茶粉等，做成多種口味。

薄到能看到天空

全麥芝麻薄脆餅

⏰ 1小時
🍽 簡單

主料

全麥粉⋯30克　　　　　雞蛋⋯1個（約55克）

輔料

白芝麻⋯10克　　　　　綿白糖⋯30克
黑芝麻⋯5克　　　　　　粟米油⋯20毫升

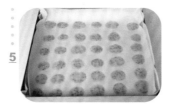

做法

1 雞蛋放入碗中，加入綿白糖，用打蛋器
　攪打均勻。

2 加入粟米油，攪打均勻；加入全麥粉，
　翻拌至均勻、沒有麵粉顆粒。

3 加入白芝麻和黑芝麻攪拌均勻，裝入擠
　花袋。

4 焗盤鋪上油紙，用擠花袋把麵糊擠在焗
　盤上，呈一個個小圓形。

5 蓋上一張烘焙紙，輕輕按壓。

6 放入150℃預熱的焗爐中層，烤15分
　鐘至呈金黃色，取出冷卻即可。

🍲 烹飪秘笈

1 雞蛋加糖後不需要打發，
攪打均勻至糖溶化即可。

2 每個圓麵糊之間要留出空
隙，防止烤後黏在一起。

3 餅乾很薄，容易烤焦，可
以將烘烤溫度調低一點，注
意觀察，烤至金黃色即可。

烤好的芝麻脆餅薄薄的一層，薄到透過它能看到天空。雞蛋加芝麻，又脆又香，營養加倍。

童年的味道
小米鍋巴

 30分鐘

簡單

又香又脆的小米鍋巴無人不知、無人不曉。如今,在家裏也能做出好吃的小米鍋巴了!

主料

小米…50克　　　　麵粉…50克

輔料

鹽…1克　　　　　植物油…500毫升

梳打粉…1克

做法

1 小米洗淨,放入碗裏,倒入浸過小米的水,浸泡1小時。

2 倒掉水,加入麵粉、梳打粉和鹽,揉成麵糰。

3 將麵糰放在桌面,擀成厚約1毫米大片。

4 切成2厘米的小方塊。

5 油倒入鍋中,燒至六七成熱,放入小方塊。

6 炸至兩面成金黃色,撈出即是小米鍋巴。

烹飪秘笈

1 泡好的小米不用完全瀝乾,留一點水用來和麵,麵糰要硬一點,方便保持形狀。

2 麵片擀得儘量薄一點,烤出來會更脆。如果黏手,可以蘸一點點乾粉或鋪上保鮮紙再擀。

風靡街邊的小零食

雜糧小麻花

⏰ 40分鐘
🍽 簡單

主料

麵粉…120克　　　雞蛋…2個（約110克）　　粟粉…60克

輔料

泡打粉…2克　　　幼砂糖…5克　　　植物油…500毫升

做法

1 雞蛋液、幼砂糖、粟粉、麵粉和泡打粉混合，揉成略硬的麵糰。

2 將麵糰擀成厚約2毫米大片，再切成寬約10厘米面片。

3 把麵片用刀切成寬約5毫米、長約10厘米長條。

4 取一長條，雙手朝反方向搓，將搓好的麵條對摺，會自動擰在一起成麻花狀，捏緊收口端。

5 油倒入鍋中，燒至六成熱，放入小麻花，炸至金黃色撈出。

6 待油溫燒至八成熱，再次倒入炸好的小麻花，炸10秒鐘，撈出即可。

🍲 烹飪秘笈

1 雞蛋用來和麵，不用加水。可根據麵糰狀態適當增減粉料，粉料能揉成略硬的完整麵糰為宜。硬的麵糰水分少，容易炸得脆。

2 第一次炸油溫不要太高，先把小麻花炸熟。第二次炸油溫稍微高一點，炸的時間短，讓麻花更脆。

3 炸好後可以在表面撒辣椒粉、椒鹽粉和紫菜碎等。

麵粉裏添加了粟粉，令麻花的口感更酥脆，風味也更好。相比純白麵粉的麻花，營養也更豐富。

經典的茶點

雞蛋窩夫

⏰ 30分鐘
🍽 簡單

這款茶點具有典型的小格子造型，用專門的窩夫機把兩面烤成金黃色，外脆裏軟，咬一口，特別有滿足感。

主料

低筋麵粉⋯120克　　牛奶⋯120毫升
雞蛋⋯2個（約110克）

輔料

泡打粉⋯5克　　牛油⋯20克
幼砂糖⋯40克

做法

1 牛奶、雞蛋液和幼砂糖攪打均勻。

2 牛油隔熱水融化，加入上述混合液中，攪打均勻。

3 麵粉和泡打粉混合，加入混合液中，攪拌均勻。

4 預熱窩夫機後，加入一匙麵糊，加蓋。

5 烘約3分鐘至兩面成金黃色。

6 取出，搭配水果食用。

🍲 **烹飪秘笈**

1 加入麵粉後，不要畫圈攪拌，避免拌得太多，可以上下翻拌或呈之字形攪拌。

2 麵糊不要加太多至窩夫機，避免烘的時候溢出。

嗜吃時的首選零食

香脆餅乾棒

 40分鐘

 簡單

這是一款材料簡單的餅乾，主要用雞蛋和麵粉，烤好的餅乾保持了原始的香味。少油少糖，沒事的時候吃幾根餅乾棒最好不過了。

主料

低筋麵粉…130克　　雞蛋…1個（約55克）

輔料

黑芝麻…10克　　牛油…10克
幼砂糖…20克

做法

1 牛油軟化，加入雞蛋液、黑芝麻、低筋麵粉和幼砂糖，揉成麵糰。

2 蓋上保鮮紙，鬆弛20分鐘。

3 把麵糰擀成厚約0.5厘米。

4 切成寬約0.5厘米長條。

5 左右手按住麵條兩端，朝反方向扭幾圈，放入焗盤。

6 放入180℃預熱的焗爐中層，烤20分鐘至呈金黃色即可。

烹飪秘笈

1 根據麵糰狀態適當調整麵粉用量，麵糰需要拌得硬一點，方便保持形狀。

2 根據烤製狀態適當調整烘烤時間，烤好的餅乾呈金黃色，口感很脆。

家中必備甜食
薩其瑪

⏰ 1小時
🍽 簡單

主料

麵粉…150克
雞蛋…2個（約110克）

輔料

熟黑芝麻…10克
粟粉…20克

泡打粉…2克
幼砂糖…120克

麥芽糖…75克
植物油…500毫升

做法

1 雞蛋打發勻，加入麵粉和泡打粉，揉成軟一點的麵糰。

2 將麵糰擀成厚約0.5厘米，切成寬約0.5厘米、長約5厘米長條，搓圓，可以撒一點粟粉防黏。

3 鍋中加入油，燒至約六成熱，放入麵條炸至金黃色，用笊籬撈出備用。

4 取一乾淨的鍋，加入20毫升水、麥芽糖和幼砂糖，中小火攪拌熬煮，至115℃~120℃，滴到冷水裏，糖能成柔軟不黏手的塊狀即可。

5 加入炸好的麵條，快速翻拌均勻，讓每一根麵條都裹上糖漿。

6 加入炒熟的黑芝麻拌勻。

7 趁熱倒入模具，按壓整形。

8 待稍微冷卻，用鋸齒刀切塊即可。

薩其瑪鬆軟香甜、入口即化，深受人們的喜愛。滿族人入關後，薩其瑪在北京開始流行，現在傳遍了全中國。薩其瑪熱量較高，雖然好吃，也要注意控制食用量。

烹飪秘笈

1 麵條入油鍋前需要用手拌一拌，去除多餘的粉粒，防止焦鍋。

2 先放一根麵條到油鍋，可以快速浮起來就說明油溫較合適。如果麵條長時間不浮起，說明油溫太低。

3 麵條混合糖漿後，攪拌速度要快，防止糖冷卻結塊。

4 用鋸齒刀切薩其瑪，切口會整齊好看。

柔軟流心

芝心薯球

 1小時
 中級

芝心薯球用馬鈴薯做成,一個個小球看起來就讓人很有食慾。咬開酥脆黃金色的外皮,裏面是柔軟流心的內餡,口感搭配得恰到好處。

主料

馬鈴薯…100克　芝士片…4片　糯米粉…30克

輔料

奶粉…20克　茄汁…2茶匙　胡椒粉…1克
麵包糠…30克　鹽…1克　植物油…適量

做法

1 馬鈴薯洗淨,切成大塊,放入蒸鍋蒸熟。
2 待涼至不燙手後,去皮,用湯匙壓成泥。
3 加入奶粉、糯米粉、鹽、胡椒粉和10毫升水,揉成不黏手的麵糰。
4 將馬鈴薯麵糰分成約15克一個小圓球。
5 每個小圓球按壓成小碗狀,中間放上1/4片芝士。
6 收口,用手心搓圓。放在麵包糠裏,讓小圓子均勻地裹上麵包糠。
7 油倒入鍋,燒至五六成熱,放入小圓子,炸至表面呈金黃色即可。
8 撈出,搭配茄汁食用。

 烹飪秘笈

1 馬鈴薯的含水量不一樣，可根據麵糰的狀態適當增減糯米粉，以揉好的麵糰柔軟不黏手為宜。

2 油溫不要太高，否則薯球容易破裂，而且容易焦。

吃了就會笑

笑口棗

 1小時

簡單

笑口棗，只要聽到這名字就想笑了。這是很喜慶的一種零食，酥脆味香，特別適合節日的時候招待客人。

主料

低筋麵粉…250克　　牛奶…60毫升
雞蛋…1個（約55克）

輔料

梳打粉…2克　　　　幼砂糖…50克
白芝麻…40克　　　　植物油…500毫升

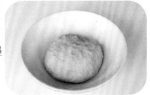

做法

1 麵粉中加入20毫升植物油攪拌均勻，用手搓散。
2 加入梳打粉、幼砂糖混合均勻。
3 加入雞蛋液和牛奶，揉成麵糰，蓋上保鮮紙鬆弛20分鐘。
4 麵糰分成15克一個小圓球，用手心搓光滑。
5 碗中放入半碗清水，加入1茶匙麵粉，攪拌均勻，放入圓麵糰浸濕。
6 放進芝麻裏，輕輕按壓，讓表面沾滿芝麻。
7 剩下的油倒入鍋裏，燒至五六成熱，放入沾滿芝麻的小圓球。
8 炸至表面呈金黃色，撈出即可。

烹飪秘笈

1 麵粉先和油混合搓散,可以阻斷麵筋的形成,讓成品更酥。

2 根據麵糰的狀態適當調整牛奶的量,令麵糰達到類似耳垂的軟硬度為宜。

3 表面沾一些水,更好地黏住芝麻,沾滿芝麻後輕輕按壓,防止炸的時候掉落。

4 梳打粉受熱後產生氣體,所以麵糰會產生裂口。保持溫度適宜,可以讓裂口均勻。

5 也可以用焗爐烘烤,口感會有差異,但是也很好吃。

能量加油站

香蕉鬆餅蛋糕

40分鐘

簡單

鬆餅蛋糕是一種做法簡單、又可做出很多花樣的蛋糕，特別適合烘焙新手。麵糊經過攪拌就可以放入焗爐，烤好的蛋糕口感扎實，一個下肚，馬上充滿能量。

主料

低筋麵粉…100克　　雞蛋…1個（約55克）
去皮香蕉…120克　　牛奶…30毫升

輔料

泡打粉…5克　　　　粟米油…30毫升
幼砂糖…40克

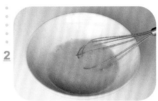

做法

1 香蕉放入碗中，用湯匙壓成泥。
2 雞蛋液、牛奶、粟米油和幼砂糖攪打均勻。
3 加入香蕉泥，攪打均勻。
4 加入混合均勻的麵粉和泡打粉，翻拌至看不見乾粉。
5 將麵糊倒入紙杯，約八成滿。
6 放入200℃預熱的焗爐中層，烤20分鐘即可。

烹飪秘笈

1 要選熟透的香蕉，容易壓碎而且味道更香甜。

2 加入麵粉後翻拌至沒有乾粉即可，不需要攪拌得很細膩，過度攪拌令蛋糕不鬆軟。

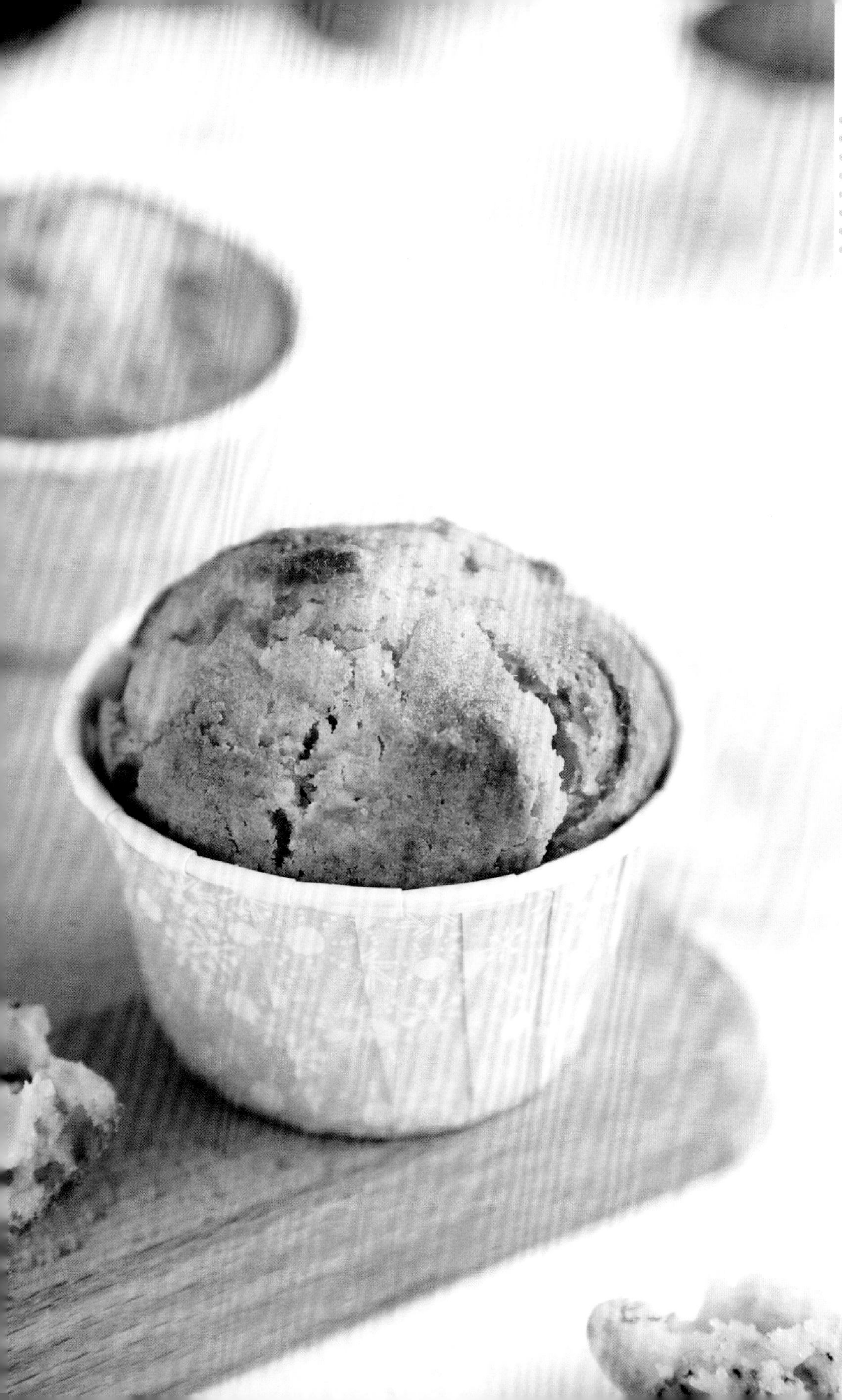

香酥可口
酥脆雞蛋卷

⏰ 30分鐘
🍽 簡單

雞蛋卷非常酥脆，咬一口，香酥可口。自己做的雞蛋卷用料天然，味道純正，更有回憶中小時候的味道。

主料

低筋麵粉…100克　　牛奶…50毫升
雞蛋…3個（約165克）

輔料

黑芝麻…20克　　牛油…50克
幼砂糖…50克

做法

1 雞蛋液和幼砂糖混合，攪打至糖溶化。
2 加入融化的牛油和牛奶。
3 用手動攪拌器攪拌至油水混合均勻，完全乳化。
4 加入低筋麵粉和黑芝麻，拌成細膩流動的麵糊。
5 預熱蛋卷機，舀一勺麵糊在機器中間，合上蓋子約2分鐘。
6 至蛋卷成金黃色，帶防燙手套，從一端捲起來即可。

🥄 烹飪秘笈

1 麵糊調成濃稠能流動的狀態即可，太稀則需要增加烘烤的時間。

2 蛋卷冷卻後會變脆，如果冷卻後沒有變脆，說明烘烤時間不夠，水分太多，再多烤一下。

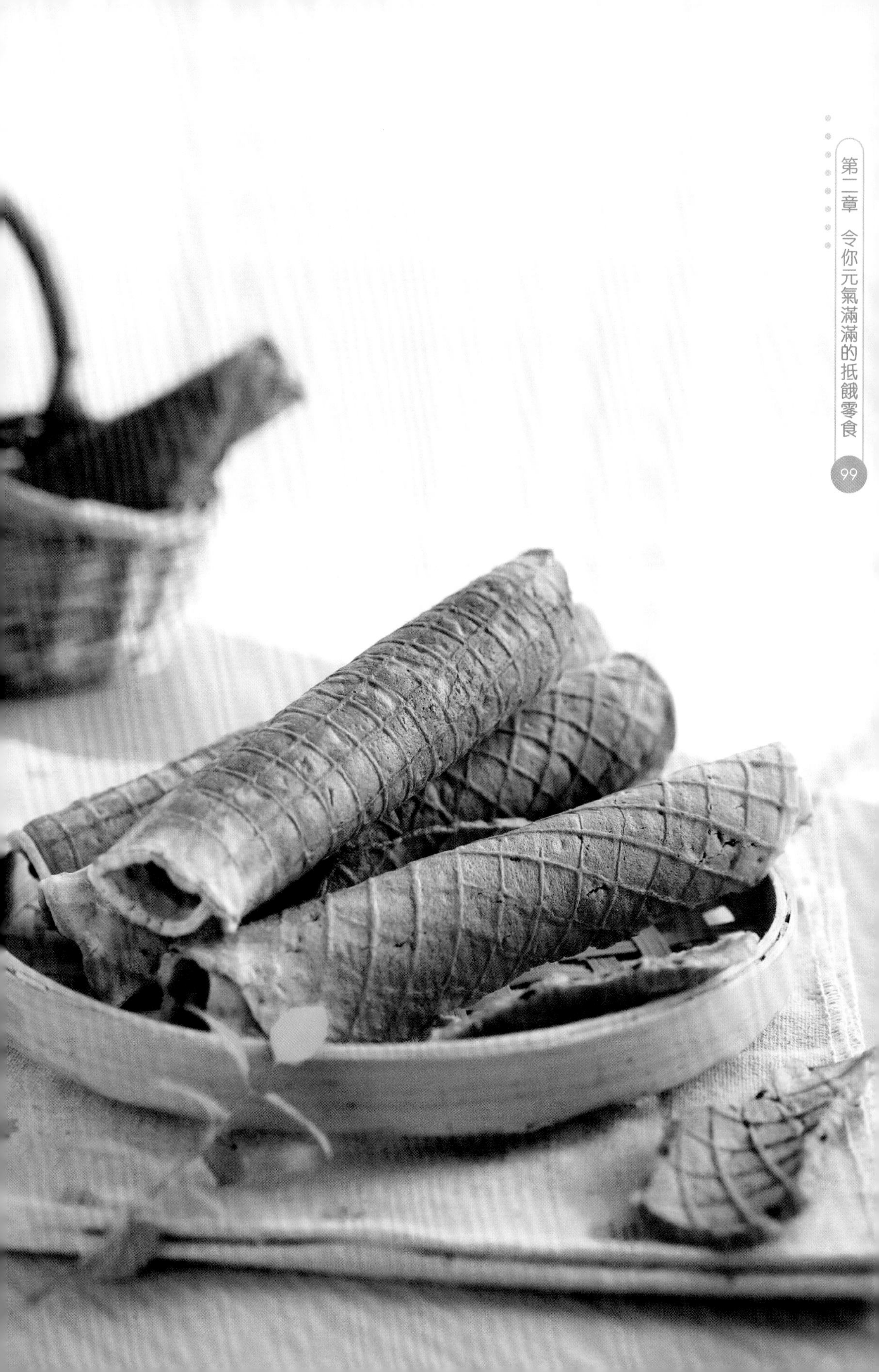

無油無糖

堅果小餐包

40分鐘
簡單

這是一款適合在家裏做的簡單小餐包，無油無糖，添加了多種堅果，營養更豐富，特別適合作為下午茶的小零食。

主料

高筋麵粉…300克

輔料

酵母…3克　　　　　南瓜籽…20克
亞麻籽…20克　　　　鹽…2克
葵花籽…20克

做法

1 麵粉、酵母和鹽混合均勻，加入200毫升清水，混合均勻。

2 麵糰放在桌面反復搓揉，能拉出筋膜即可。

3 加入堅果，混合均勻。

4 蓋上保鮮紙，放在約30℃的地方發酵至約2倍大小。

5 按壓麵糰排氣。

6 分割成50克一個的小麵糰。

7 將小麵糰在案板上滾圓，放在溫暖的地方發酵至1.5~2倍大。

8 放在180℃預熱的焗爐中層，烤25分鐘即可。

烹飪秘笈

1 揉麵糰的方法：用手掌把麵糰在工作枱上一點點往前搓，所有麵糰搓到前面後揉成一糰，再重新搓一遍。搓好兩遍後，揉成糰，握着麵糰一端，摔打幾下即可。揉到能拉出小片薄膜即可，不需要揉到拉出大片薄膜。如果專業的揉麵機就更好了。

2 不同的麵粉吸水率不一樣，可根據麵糰的狀態適當調整水的用量，以麵糰柔軟光滑為宜。

3 麵糰發酵：可以在焗爐裏放一碗熱水，底部發熱線溫度調至40℃，保持一定的濕度和溫度，放入麵糰發酵。

口感醇香

鬆餅

 40分鐘
簡單

鬆餅是一種英式快速麵包,傳統的鬆餅是三角形的,現在可以做出各種你喜歡的形狀,還可以做出甜和鹹等多種口味。方便的做法,醇香的口味,令鬆餅適合多種場合食用。

主料

低筋麵粉…125克	雞蛋液…10毫升
淡忌廉…125克	

輔料

提子乾…10克	幼砂糖…20克
泡打粉…2克	鹽…1克

做法

1 麵粉、泡打粉、幼砂糖和鹽混合均勻。
2 慢慢倒入淡忌廉,揉成柔軟的麵糰。
3 提子乾清洗乾淨,瀝乾,加入麵糰混合均勻。
4 將麵糰放在桌面,擀成厚約1.5厘米的圓餅,再切成8塊三角形。
5 焗盤鋪上烘焙紙,放上鬆餅,在表面刷上一層蛋液。
6 放入180℃預熱的焗爐中層,烤20分鐘至表面金黃即可。

烹飪秘笈

1 根據麵粉的吸水情況,可適當調整淡忌廉的用量。
2 麵糰不要過度揉搓,只要成光滑的糰即可,以防止起筋、不鬆軟。
3 可以根據喜好調整鬆餅的形狀,如用模具壓成花形等。
4 雞蛋液塗在鬆餅的表面,可以增加烤後的顏色。

濃醇無添加

自製乳酪

🕐 15分鐘

🍽 簡單

主料

純牛奶…500毫升

輔料

菌粉…1包

乳酪大家都不陌生，含有豐富的益生菌，有益於腸道的健康。而且乳製品也是補鈣的好食物。自己製作乳酪很方便，還省錢，不妨試試！

做法

1 純牛奶倒入乳酪機。

2 加入菌粉，攪拌均勻。

3 加蓋，通電保溫發酵8~12小時。

4 待牛奶變成黏稠的乳酪，加適量蜂蜜、水果等食用。

🍲 烹飪秘笈

1 要選用純牛奶，發酵產酸可使牛奶中的蛋白質變性，產生濃稠感，所以牛奶中的蛋白質愈多，做出的乳酪愈濃稠。

2 乳酪機主要利用長時間保溫（35℃~45℃）的特點，讓牛奶發酵變成乳酪。

3 要把接觸到牛奶的容器清洗乾淨、擦乾，避免其他有害菌。

4 發酵好的乳酪需要放冰箱冷藏儲存，並儘快吃完，以免變質。

第三章

讓我們共用歡樂
聚會及零食

好友相聚的時光總是充滿歡樂溫馨，談笑
間吃着親手做的零食，不僅健康衛生，還
更能突顯情誼。平日也可以準備一份精美
的零食伴手禮送給朋友。在這一章，我會
為你提供一些適合聚會氛圍的、外觀精緻
的、需要一定製作技巧的小零食。

吃多也不怕胖
雞米花

🕐 30分鐘
🍽 簡單

一説到雞米花，你是不是開始流口水了？沒有人能抵擋住雞米花的誘惑吧。今天換個做法，用焗代替油炸，既好吃，又不怕吃胖。

主料

雞胸肉…200克　　雞蛋…1個（約55克）

輔料

麵包糠…50克　　奧爾良調味料…25克
麵粉…50克

做法

1 雞胸肉洗淨，去掉筋膜，切成約2厘米方塊。
2 加入奧爾良調味料，用手揉捏均勻，蓋上保鮮紙，靜置1小時。
3 將雞肉塊放到麵粉裏面滾動，均勻裹滿麵粉。
4 再放到打散的雞蛋液裏面，裹滿雞蛋液。
5 再放到麵包糠裏，裹滿麵包糠。
6 焗盤鋪上烘焙用紙。
7 將雞肉均勻擺放在焗盤上。
8 放入200℃預熱的焗爐中層，焗約15分鐘至金黃色即可。

 烹飪秘笈

1 雞肉可以醃製過夜，晚上處理好，早上便可以焗了。

2 雞肉塊不要切得太大，大了不容易熟。

3 焗的時間不要太長，時間久了雞肉容易變乾硬。如果不確定有沒有熟，可以嚐一下，鮮嫩多汁的雞肉便說明恰到火候。

4 如果沒有焗爐，也可以用油炸，但熱量會增高。

用手撕着吃

豬肉乾

 1小時
 簡單

主料

梅頭豬扒⋯500克

輔料

白芝麻⋯10克	料酒⋯2茶匙	黑胡椒粉⋯1/2茶匙
紅麴粉⋯2克	蠔油⋯2茶匙	生抽⋯1茶匙
幼砂糖⋯40克	鹽⋯5克	蜂蜜⋯1茶匙

做法

1. 梅頭豬扒沖洗乾淨，用廚房用紙擦乾表面。
2. 放入攪拌機，打成細膩的肉糜。
3. 肉糜中加入紅麴粉、幼砂糖、料酒、蠔油、鹽、黑胡椒粉和生抽，攪拌均勻，醃製1小時。
4. 把肉糜放在油紙上，上面加蓋一張油紙，擀成厚約1毫米的均勻的薄片。
5. 放入焗盤，撕掉上層的油紙，入焗爐，180℃焗10分鐘。
6. 蜂蜜中加入2茶匙水，調均勻，用刷子刷在豬肉乾表面。
7. 放入焗爐，繼續焗10分鐘，再刷一層蜂蜜水，撒上白芝麻，再焗10分鐘至水分基本揮發完即可。
8. 待豬肉乾冷卻後，切成自己喜歡的大小。

每次路過擺滿豬肉乾的店都會默默放緩腳步，看一眼價格，終究沒有停留。其實家裏面也可以做出好吃的豬肉乾，讓你一次吃個夠。

烹飪秘笈

1 如果沒有攪拌機，可以用刀剁肉糜，剁得愈細膩愈好。

2 擀肉餅的時候注意調整厚度，肉餅擀得愈薄、愈均勻愈好。

3 刷蜂蜜水可以讓豬肉乾的表面顏色和光澤度更好。

4 紅麴粉是一種天然色素，市售的肉製品中大多都有添加，可以讓肉製品顏色更好看，沒有也可以不放。

小寶寶也可以吃

豬肉鬆

 1小時
 簡單

主料

豬腿肉…500克

輔料

葱段…40克	料酒…2茶匙	油…1湯匙
生薑片…10克	蠔油…1茶匙	

做法

1. 豬腿肉去掉筋膜和肥肉，切成10塊，放入鍋裏，加入沒過豬肉的水，煮開後繼續煮2分鐘。
2. 撈出，沖洗乾淨。
3. 豬肉放入鍋裏，加入沒過豬肉的水、料酒、葱段和薑片，大火煮開後轉小火煮30分鐘，至肉煮爛。
4. 取出豬肉，擦乾，放入保鮮袋，用擀麵棒擀碎，再用手把沒擀碎的撕碎。
5. 將豬肉碎放入鍋裏，中火加熱，炒至八成乾，冷卻。
6. 放入攪拌機攪碎。鍋燒熱後放入油和肉鬆，小火翻炒至完全乾，加入蠔油，翻炒均勻即可。

烹飪秘笈

1. 做肉鬆關鍵是把煮好的肉弄成細的肉碎，豬肉弄得愈碎，肉鬆愈蓬鬆，完全用手撕很難達到效果，可以借助攪拌機、麵包機等。

2. 最後一步翻炒時，注意小火加熱，防止黏鍋。

市場上的肉鬆種類非常多，但有很多是用大豆蛋白做的，並不是真正的豬肉。如果家裏有一歲多的小朋友，這個肉鬆非常適合給孩子吃。口味清淡，用純豬肉製作，而且非常好咀嚼下嚥。

嚼勁十足

五香牛肉乾

⏰ 1小時
🔔 簡單

主料

牛腱肉…1000克

輔料

葱段…40克　　　香葉…4片　　　　生抽…20毫升
薑片…10克　　　小茴香…10粒　　老抽…1茶匙
乾辣椒…5個　　　花椒…10粒　　　五香粉…2茶匙
八角…1個　　　　肉桂…2克　　　　植物油…2茶匙

做法

1. 牛腱肉去掉表麵筋膜，切成約手指粗細、長5厘米的條，清洗乾淨。
2. 放入鍋裏，加水浸過牛肉條，大火煮開後轉小火煮2分鐘。
3. 撈出牛肉條，沖洗乾淨，瀝乾。
4. 鍋燒熱後加入1茶匙油、洗淨的乾辣椒、八角、小茴香、香葉、花椒、肉桂、薑片和葱段，翻炒2分鐘。
5. 加入牛肉條翻炒均勻，再加入浸過牛肉的水和生抽、老抽。
6. 大火煮開後，小火燉30分鐘，關火，繼續浸泡過夜。
7. 將牛肉條從鹵湯裏取出，瀝乾。
8. 炒鍋燒熱後加入1茶匙油，加入牛肉條和五香粉，小火煸炒至水分基本蒸發完即可。

五香味的牛肉乾總是讓人無法抗拒，吃起來韌勁十足，回味無窮，做起來也不是很難，可以多做一些，儲存起來，想吃就吃。

烹飪秘笈

1 牛肉切成條，在鹵的時候容易充分入味。

2 用鹵湯浸泡過夜可以讓牛肉更入味，如果煮後牛肉已經很入味了，可以直接進行下一步操作。

過節時的小零食

朱古力花生豆

 1小時
簡單

 在這個零食泛濫的年代，朋友相聚，也不知道該準備哪一種比較好。乾脆來一份自己做的香脆花生豆吧，簡單好吃，快樂共用。

主料

花生仁…100克

輔料

粟粉…40克　　　幼砂糖…40克

可可粉…20克

做法

1 花生仁放在焗盤中，放入焗爐中層，180℃焗20分鐘至熟，去皮。

2 粟粉平鋪在碟裏，入微波爐，中高火加熱1分鐘，取出，攪拌均勻，再加熱1分鐘。

3 將粟粉和可可粉混合均勻。

4 幼砂糖放入鍋中，加入約50毫升水，邊小火加熱邊攪拌。

5 加熱至糖溶解、水分基本揮發完，鍋裏冒出許多泡泡。

6 把花生仁倒入糖漿中，混合均勻。

7 將混合的澱粉和可可粉用篩子篩入，篩一層粉，攪拌一下，再繼續篩。

8 至花生仁均勻裹上澱粉和可可粉，關火即可。

烹飪秘笈

1 焗花生仁的時候注意觀察，防止焗燶。每焗5分鐘可以攪拌一下，一般焗至可以輕鬆脫皮即可。熱的時候不會感覺酥脆，冷卻後就會酥脆了。

2 全程一定要小火加熱，防止燒焦。

3 澱粉要用微波爐烘熟，也可以用焗爐焗熟或者用鍋炒熟。

最受歡迎的小食

非油炸薯條

 1小時

 簡單

薯條簡直是零食界的「萬人迷」，剛出鍋的薯條，蘸點茄汁，讓人愛到不行。但是油炸薯條含油脂多，吃多了容易長肉。學學這款非油炸薯條吧，不僅健康，而且保證好吃。

主料

馬鈴薯…200克

輔料

茄汁…10克　　　橄欖油…10毫升

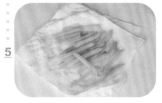

做法

1 馬鈴薯洗淨，用刮皮刀去掉外皮。

2 將馬鈴薯切成約1厘米粗的長條。

3 將馬鈴薯條放入水中沖洗一下，洗去澱粉。

4 鍋中放入能浸過馬鈴薯條的水，煮沸。放入馬鈴薯條，煮2分鐘。

5 撈出馬鈴薯條，用廚房用紙擦乾表面水分，加入橄欖油攪拌均勻。

6 將馬鈴薯條放入保鮮盒，放入雪櫃冷凍成堅硬的狀態。

7 空氣炸鍋180℃預熱後，平鋪入馬鈴薯條，焗約10分鐘，翻面。

8 再烤10分鐘至表面金黃即可。上桌後蘸茄汁食用。

🍲 烹飪秘笈

1 切好的馬鈴薯條需要在水中沖洗一下，去掉表面的澱粉，減少後面高溫過程中產生有害物質丙烯醯胺。

2 馬鈴薯條不要煮太久，只要表面略微熟了就可以，這樣可以保持很好的形狀。

3 煮好的馬鈴薯條需要把表面水分擦乾，這樣有利於烤的時候表面溫度快速上升，讓薯條更好吃。

情意滿滿

艾草果

⏰ 1小時
🔔 簡單

清明節是中國的傳統節日，艾草果也是清明節特有的美食。每年都會有不同餡料的網紅艾草果出現，想要吃到也是要起大早排長隊。學會基本做法，在家裏也能做出網紅艾草果，做幾個送給朋友，更是情意滿滿。

主料

糯米粉…150克	艾草粉…10克
澄粉…30克	

輔料

鹹蛋黃…100克	粟米油…10毫升
肉鬆…50克	幼砂糖…20克
沙律醬…20克	

做法

1 澄粉放入碗中，加入170毫升開水，攪拌均勻。

2 加入糯米粉、幼砂糖和艾草粉，揉成光滑柔軟的粉糰。

3 生的鹹鴨蛋洗淨，敲碎，取出蛋黃，清洗乾淨。

4 將蛋黃放在焗爐中層，180℃焗20分鐘，焗熟。用勺子壓碎，加入肉鬆和沙律醬，攪拌均勻。

5 按照每個15克的量，把鹹蛋黃肉鬆揉成糰。

6 取30克糯米粉糰，按壓成小碗狀，放入鹹蛋黃肉鬆糰，收口。

7 放入蒸鍋中，大火蒸15分鐘。

8 在表面刷一層粟米油，用保鮮紙包好即可。

烹飪秘笈

1 不同的糯米粉吸水性不一樣，可根據粉糰的狀態調整水的用量，使粉糰的軟硬度類似耳垂狀態，更易於保持形狀，口感也更好。

2 沙律醬的添加量以蛋黃和肉鬆能揉成糰為宜。

3 建議選擇長絲狀的肉鬆，和蛋黃揉到一起口感好，不要全部用碎碎的肉鬆。

4 為了省事，鹹蛋黃可以買剝好的，只要焗一下就可以，或者直接買熟的。

5 表面刷一層油可以讓艾草果光澤度好。

6 包好保鮮紙可以防止水分揮發，而且方便食用。吃的時候再蒸一下即可。

軟糯香甜

芒果糯米糍

⏰ 40分鐘
🔔 簡單

主料

糯米粉…100克	粟粉…30克	鮮奶…180毫升

輔料

熟糯米粉…20克	芒果粒…200克	粟米油…20毫升
椰蓉…30克	幼砂糖…50克	

做法

1 把糯米粉、粟粉、鮮奶、幼砂糖和粟米油混合均勻。

2 蓋上保鮮紙，放入蒸鍋蒸20分鐘，蒸至整體呈透明的狀態。

3 待不燙手後取出，蘸熟糯米粉，揉成均勻的粉糰。

4 取20克粉糰，捏成小碗狀，中間放上一塊芒果。

5 從周邊收口，去掉收口處多餘的粉糰，輕輕揉成圓形。

6 將糯米糰在椰蓉裏面滾動，裹滿椰蓉即可。

🍲 烹飪秘笈

1 蒸熟的糯米粉呈透明狀，用筷子翻一下，如果內部有白色的說明沒有蒸熟。

2 建議選擇大顆的芒果，肉多，可以切大一點的粒。包在糯米裏面的芒果粒要選擇形狀規整的。

3 熟糯米粉可以作為手粉，防止黏手。

4 做好的糯米糍需要密封保存，最好盡快吃完，時間久了會影響口感。

軟糯的外皮和餡心，好看的色澤，搭配椰蓉和芒果，感覺瞬間來到了美麗的海南島，被成片的椰子樹和芒果林包圍着。

傳統經典的小蛋糕
紙杯蛋糕

 1小時

 中級

最早印象中的蛋糕，好像就是紙杯蛋糕。小小的一個，捏着外面的紙杯，吃起來剛剛好。還可以在紙杯上面加忌廉裝飾等，非常好看。

主料

低筋麵粉…100克　　　雞蛋…4個（約220克）

輔料

檸檬汁…5滴　　　　　植物油…20毫升
打發淡忌廉…100克　　白糖…60克

做法

1　雞蛋磕入無水無油的盆裏，加入白糖，滴入檸檬汁，打散。

2　把盆放在約50℃的溫水裏，隔水用電動打蛋器高速打發。

3　攪打至呈非常細膩的乳白色蛋黃糊，在表面畫紋路不會消失即可。

4　加入麵粉，從下往上翻拌均勻。

5　加入植物油，翻拌均勻。

6　將麵糊倒入紙杯中，約八成滿。

7　放入160℃預熱的焗爐中層，焗25分鐘。

8　取出冷卻後，可以在上面加上打發的淡忌廉裝飾。

烹飪秘笈

1 全蛋在約40℃的時候容易打發。

2 加幾滴檸檬汁，可令打發的蛋液更穩定，而且味道也好。

3 加入麵粉後要從下往上翻拌，不要畫圈攪拌，避免起筋。

不用烤的蛋糕

藍莓凍乳酪蛋糕

 1小時
 中級

主料

藍莓…200克
忌廉乳酪…200克
原味乳酪…150克
淡忌廉…150克
鮮奶…40毫升
魚膠粉…10克

輔料

檸檬汁…10毫升　　糖粉…40克
Oreo餅乾碎…100克　牛油…30克
幼砂糖…20克

做法

1　把藍莓洗淨，瀝乾，加入幼砂糖，並將藍莓用攪拌機打碎。

2　加入10毫升檸檬汁，放入鍋裏，中小火加熱熬煮，煮至黏稠，製成藍莓醬，關火備用。

3　Oreo餅乾碎中加入融化的牛油，攪拌均勻，倒入6寸活底模具，按壓平整，冷藏備用。

4　忌廉乳酪中加入糖粉和乳酪，用打蛋器攪打至均勻細滑。

5　將魚膠粉加入鮮奶中，入微波爐加熱，攪拌至完全溶化。

6　倒入忌廉乳酪糊中，攪打均勻。

7　淡忌廉用電動打蛋器打發至能出現紋路（約六成發），加入乳酪糊中，攪拌均勻。

8　將乳酪糊平均分成3等份，1份加入5克藍莓醬，1份加入10克藍莓醬，1份加入40克藍莓醬，分別攪拌均勻。

9　在裝有Oreo蛋糕底的模具中先倒入深色的乳酪糊，振盪平整，放雪櫃冷藏20分鐘。

10　再依次加入淺色的乳酪糊，入冰箱冷藏過夜，脫模後裝飾一下即可。

 烹飪秘笈

1 最好將oreo餅乾壓成細碎的小顆粒，可以和牛油充分混合，這樣蛋糕底部更容易按壓平整。

2 最好用活底的模具，用風筒在外表吹一下，可以很容易脱模。也可以放在小玻璃杯裏，直接用勺舀着吃。

3 加入乳酪糊後，可以振盪幾下，把大的氣泡振出，蛋糕組織更細膩。

4 乳酪蛋糕不需要加熱，在製作過程中要保證衛生，做好的放在雪櫃裏盡快吃完。

5 冷藏過夜後，口感會更好。

這是一款不用焗爐烤，經過冷藏就能吃到的蛋糕。外表漸變的紫色如此夢幻，入口即化的口感，讓人迷醉不已。

高顏值低熱量

乳酪凍

🕐 30分鐘
🍽 簡單

主料

酸奶⋯400克

輔料

紅肉火龍果⋯20克　　奇異果⋯20克

車厘子⋯20克　　藍莓⋯20克

做法

1 火龍果和奇異果去皮，切成約1厘米粒狀。

2 車厘子和藍莓洗乾淨，用廚房紙擦乾。車厘子一切兩半，去掉核。

3 把焗盤鋪上保鮮紙，倒入乳酪，平鋪在焗盤上。

4 把水果隨意撒在乳酪上面。

5 焗盤蓋上保鮮紙，放入雪櫃冷藏至凝結。

6 取出切成塊食用。

🍲 烹飪秘笈

1 最好選擇原味乳酪，不會影響乳酪凍整體的風味。

2 焗盤要蓋好保鮮紙再放入雪櫃，防止混雜其他食物的味道。

3 平底的盤都可以做，根據做的量選合適的容器。

4 如果一次吃不完，可以分小份冷凍。

乳酪可以拌水果吃，還可以和水果一起凍起來吃。搭配五顏六色的水果，不僅顏值高，而且熱量還低。夏天就吃乳酪凍吧。

入口即溶
生朱古力

⏰ 20分鐘
🍽 簡單

一顆顆包裝精緻的生朱古力，嚐一嚐，真的是入口即溶。溶化後，口中留下奶香、朱古力香和淡淡的酒香，真令人陶醉。而且做起來很簡單的，試試吧。

主料

黑朱古力…200克　　　　白朱古力…100克

輔料

淡忌廉…180克　　　　可可粉…20克
冧酒…10毫升　　　　牛油…30克
水飴（水麥芽）…10克

做法

1 淡忌廉和水飴放入鍋裏，加熱至鍋邊有小氣泡，即微沸的狀態。

2 關火，慢慢倒入朱古力和牛油中。

3 放在45℃的溫水隔水煮溶，朝一個方向攪拌至朱古力化開，再加入冧酒。

4 模具墊上牛油紙，倒入朱古力漿，上面用刮板刮平。

5 放入雪櫃冷藏3小時至朱古力變硬。

6 取出凍硬的生朱古力，反過來倒在工作枱上。

7 撕掉牛油紙，將生朱古力切成合適大小的塊。

8 表面撒上可可粉即可。

烹飪秘笈

1 淡忌廉不要煮沸，如果溫度太高容易油水分離。煮到邊上有小氣泡、微沸的狀態就可以。

2 如果原材料是大塊的朱古力，需要切碎，容易化開。融化朱古力的溫度最高不要超過50℃，攪拌好的朱古力混合液控制在30℃左右，這樣生朱古力的光澤度好。

3 攪拌朱古力的時候不要快速用力，避免裹進氣泡。

4 冷卻好的生朱古力底部的面比較平，所以如果表面不平，可以把底部的面朝上。

雪花酥

真網紅、真實力

 1小時
中級

雪花酥能成為網紅零食憑的
是真正的實力。鬆軟中帶着
餅乾的酥脆和堅果的香脆，
加上牛油和奶粉的十足奶香，
令你無法拒絕。這是一款肯
定要品嚐的零食。

主料

棉花糖⋯250克　　小圓餅乾⋯200克

輔料

熟花生仁⋯150克　　奶粉⋯40克

小紅莓⋯30克　　牛油⋯50克

做法

1 易潔鍋燒熱後，轉成小火，放入牛油融化。

2 待牛油全部融化後，倒入棉花糖翻炒。

3 翻炒至棉花糖全部融化。

4 加入奶粉，翻拌均勻。

5 加入餅乾、花生仁和小紅莓，翻拌至均勻裹上
糖漿。

6 趁熱放入不黏焗盤內整形。

7 趁有餘溫，在上面撒上一層奶粉，然後翻面，再
撒一層奶粉。

8 用鋸齒刀切成寬約2厘米的方塊即可。

☕ 烹飪秘笈

1 不要買濃味的餅乾，很容易蓋過奶香和堅果的香味，建議買原味或者奶味的。

2 網上有推薦專門做雪花酥的餅乾，我覺得硬脆的小圓餅乾都可以，不要用太薄的，否則在攪拌過程中容易弄碎。

3 全程小火加熱，防止溫度高而燒焦。

小巧可愛的萬人迷

蛋白糖

 1.5小時

中級

用蛋白打發，低溫慢烤，做出來的蛋白糖口感酥脆，造型可愛，潔白的顏色也非常好看，可謂一款萬人迷的小點心。

主料

蛋白…60克

輔料

奶粉…8克　　　檸檬汁…2滴
粟粉…6克　　　綿白糖…60克

做法

1 蛋白中加入檸檬汁和1/3的綿白糖。

2 用電動打蛋器高速攪打，攪打一會兒，至出現大的魚眼泡。

3 再加入1/3的綿白糖繼續攪打，至出現細膩的紋路。加入剩下的綿白糖，攪打至出現彎彎的小尖角。

4 繼續攪打至蛋白硬性打發，能豎起直立的小尖角。

5 加入奶粉和粟粉，用刮刀翻拌混勻。

6 擠花袋裝上擠花嘴，剪開一個口子，用刮刀把蛋白糊放入擠花袋。

7 焗盤鋪上牛油紙，把蛋白糊擠在焗盤上。

8 放入100℃預熱的焗爐中層，焗1小時，至蛋白糖內外酥脆即可。

1 滴幾滴檸檬汁可以使打發的蛋白更穩定，沒有檸檬汁可以滴幾滴白醋。

2 加入奶粉和粟粉後，用刮刀從下往上翻拌，不要畫圈攪拌，速度要快，防止起泡。

3 烘焗時溫度不要太高，如果太高，蛋白糖會變黃。

4 蛋白糖如果沒焗透會容易黏在紙上，根據蛋白糖的大小，適當調整烘焗時間，焗透的蛋白糖冷卻後非常脆，需要密封保存，否則會吸水變潮。

消食健胃的零食
山楂糕

⏰ 1小時
🍽 簡單

主料

山楂⋯500克

輔料

冰糖⋯150克

做法

1. 山楂洗淨，瀝乾，切成兩半，去蒂和果核。
2. 將山楂和冰糖放入鍋中，加入150毫升水，中火煮。
3. 煮至山楂變軟。
4. 倒入攪拌機，打成山楂糊，加入500毫升水，混合均勻，倒入鍋裏。
5. 中小火熬煮，不斷攪拌，煮至山楂泥能掛在鏟子上。
6. 倒入模具整形，冷卻後切塊即可。

🍲 **烹飪秘笈**

1. 添加水的目的是為了烹煮的時候不糊鍋，不要添加太多，否則後面烹煮會很費時間。

2. 如果山楂糕冷卻後成形不好，可能是水分含量太高，可以再烹煮一會兒，減少水分。

秋天紅彤彤的山楂掛滿枝頭，直接吃會怕酸，不如做成山楂糕，酸酸甜甜的，特別開胃，老人小孩都可以吃。

記憶中的美味

冰糖葫蘆

🕐 40分鐘
🍽 簡單

大人孩子都喜歡冰糖葫蘆。小時候，每到冬天，街頭總有人叫賣冰糖葫蘆。每次看到那晶瑩剔透的糖葫蘆，口水真的是流了三千尺。

主料

山楂…200克

輔料

幼砂糖…200克

做法

1 山楂洗淨，擦乾表面。

2 去蒂，用刀從中間橫向切開，去掉山楂核。

3 把山楂穿到竹簽上。

4 將幼砂糖和200毫升水放入鍋中，中火加熱烹煮，輕輕攪拌。

5 烹煮至幼砂糖溶化，開始冒大氣泡時，轉小火。

6 用筷子蘸一點糖滴到冷水裏面，取出嚐一下，如果糖變得硬脆，就可以蘸山楂了，如果糖是軟的，就再小火煮一會兒。

7 拿一根山楂串，在糖表面的氣泡裏來回滾動，裹上均勻的糖液。

8 放到不黏的碟上，冷卻後即可開吃。

烹飪秘笈

1 家裏鍋小，一串穿4顆山楂即可，太長不容易蘸到糖。

2 烹煮幼砂糖的時候不要攪拌，避免起砂，也就是幼砂糖從水中釋出來。

3 水和糖的比例為1：1比較合適。水太多，烹煮時間長；水少了，白糖不容易化開，容易起砂。

4 也可以用冰糖做，提前把冰糖砸碎，這樣更容易化開。

簡單好吃的下午茶

芒果布丁

🕐 30分鐘
🔔 簡單

主料

芒果…300克　　鮮奶…250毫升
魚膠粉…15克

輔料

幼砂糖…15克

布丁細膩爽滑，搭配當季水果，非常適合當下午茶。今天來個懶人版的芒果布丁，簡單幾步就能有好吃的布丁啦。

做法

1 芒果洗淨，把果肉切成1-2厘米大小的顆粒，鋪在盒子裏。
2 魚膠粉和幼砂糖倒入鮮奶中，攪拌均勻，加熱至微沸，幼砂糖和魚膠粉完全溶解。
3 將鮮奶混合液倒入芒果盒子裏面，放雪櫃冷藏2小時至鮮奶凝固。
4 小心取出，切塊食用。

🍲 **烹飪秘笈**

1 魚膠粉和鮮奶混合後，要小火加熱，不斷攪拌，使魚膠粉完全溶解，冷卻後布丁狀態好。
2 也可以將芒果打成細膩的泥，添加到布丁中。可根據芒果的用量，適當減少鮮奶的用量。

好吃好喝

黃桃罐頭

🕐 40分鐘

🍽 簡單

主料

黃桃⋯600克

輔料

冰糖⋯150克

把當季美味的黃桃和冰糖一起烹煮，煮到黃桃軟滑無比、湯汁醇厚濃郁，在有些人看來，湯比黃桃都好吃。

做法

1 黃桃洗淨，去皮、去核，每個切成8塊。

2 將黃桃放入鍋裏，加入冰糖和200毫升水。

3 大火煮開後，轉小火煮15分鐘。

4 裝入消毒好的瓶子裏，密封，放雪櫃冷藏到第二天吃。

🍲 烹飪秘笈

1 黃桃要選擇硬的，不要選熟透變軟的，否則煮的時候桃子會爛掉，湯不清爽。

2 裝黃桃罐頭的瓶子需要用開水燙一下消毒，可延長保存時間。

3 罐頭冷藏後吃，味道更好。

層次感超豐富

士多啤梨大福

 1小時
 簡單

士多啤梨大福是一種和菓子，在士多啤梨的外面包上豆沙，最外層包上糯米做的皮，每個層次都各自有特點，搭配在一起吃，口感非常和諧。

主料

| 士多啤梨…150克 | 澄麵…20克 |
| 糯米粉…150 克 | 鮮奶…160毫升 |

輔料

| 紅豆沙…150克 | 植物油…20毫升 |
| 幼砂糖…25克 | |

做法

1 將50克糯米粉放入鍋中，小火炒至微黃(炒熟)，用作手粉，防止黏手。

2 把剩下的100克糯米粉、澄麵和幼砂糖混合，加入鮮奶和植物油，攪拌至均勻無顆粒。

3 麵糊蓋上保鮮紙；蒸鍋內水煮沸，放入麵糊蒸25分鐘，至麵糊呈現均勻的透明狀。

4 待麵糊冷卻後，揉成糰。

5 士多啤梨洗淨，去蒂，用廚房用紙擦掉表面水分。

6 在士多啤梨外面包上一層厚約1毫米的紅豆沙。

7 蘸手粉，取約25克的粉糰，揉成糰後壓成圓餅，放入豆沙士多啤梨餡心。

8 從四邊慢慢收緊口，去掉多餘的粉糰即可。

烹飪秘笈

1 糯米粉要用小火炒，防止燒焦。炒至出香味、微黃即可。

2 蒸好的麵糊沒有白色夾層，整體呈透明狀，可能會有油附着在表面，冷卻後揉均勻即可。

留住時光的零食

士多啤梨果醬

 1小時

 簡單

主料

士多啤梨⋯500克

輔料

檸檬⋯1/2個　　　幼砂糖⋯100克

1

2

3

4

5

6

做法

1 士多啤梨去蒂，洗淨，瀝乾，切成兩半。

2 加入幼砂糖攪拌均勻，蓋上保鮮紙，放雪櫃醃製2小時。

3 用手把檸檬汁擠入小碗裏備用。

4 士多啤梨果肉倒入鍋裏，開大火，攪拌翻炒。

5 煮沸後轉小火慢慢烹煮，烹煮至較濃稠時，加入檸檬汁。

6 繼續熬煮至濃稠的狀態，關火，趁熱裝在消毒好的瓶子裏即可。

烹飪秘笈

1 最好選擇熟透的士多啤梨，熟透的士多啤梨果膠多，味道也甜。

2 士多啤梨先和糖醃製一段時間，可以更好地保持顏色。

3 熬煮的時候要經常攪拌一下，防止糊鍋。

市售的果醬一般會添加膠體增稠，味道也往往太甜。在士多啤梨上市的季節，做一瓶士多啤梨果醬，用美味留住時光，可以自己留一瓶，再送給朋友一瓶。

LOVE
100%

哄小朋友的利器

士多啤梨朱古力棒棒糖

主料

士多啤梨⋯100克

輔料

朱古力⋯100克

⏰ 20分鐘

🍽 簡單

做法

1 新鮮士多啤梨清洗乾淨,用廚房紙輕輕擦掉表面水分。

2 用棒棒糖棒插入底部,製成一顆顆棒棒士多啤梨。

3 朱古力放入小碗裏,放入鍋裏隔水加熱至融化,溫度保持在30℃左右。

4 拿着棒棒,把士多啤梨放入朱古力液裏滾一圈,拿出,插在軟的物體上冷卻即可。

🍲 烹飪秘笈

1 需要擦乾士多啤梨表面的水分,外表不要有破損,否則破損的地方汁水會影響外面的朱古力。

2 沒有糖棒可以用吸管或者牙籤代替,但牙籤對小孩子有一定危險性,需要注意。

3 朱古力差不多包到士多啤梨的2/3即可,這樣吃起來朱古力和士多啤梨的味道剛剛好。

4 朱古力溶化後溫度在30℃左右,以保持柔軟狀態為宜。

士多啤梨旺季，看到這鮮嫩欲滴的果
實，總是會垂涎三尺。新鮮的士多啤
梨，加上細滑的朱古力，做成棒棒糖
的樣子，這絕對是哄小朋友的利器。

網紅飲品

髒髒奶茶

⏰ 1小時
🍽 中級

因為隨意掛在杯壁的糖漿從外表看有點髒，所以叫做髒髒奶茶。聽着音樂，給自己和朋友做一杯奶茶，談天説地，生活就是這麽美好。

主料

紅茶…1包　　　鮮奶…250毫升

輔料

木薯粉…60克　　紅糖…50克

做法

1 取20克紅糖，加入40毫升水煮沸。

2 倒入木薯粉中，待不燙手後揉成光滑的粉糰。

3 粉糰搓成約1厘米粗的長條，再切成約1厘米寬的小顆粒。用手心把小顆粒搓圓，外面可以撒木薯粉防黏。

4 鍋裏加入能浸過木薯珍珠的水煮沸，加入珍珠，煮至沒有硬心、整體變成透明狀。撈出，泡一下冷水。

5 不黏鍋放入30克紅糖、10毫升水和煮熟的珍珠，小火炒至濃稠。

6 倒入杯了中，把黏稠的糖液塗在杯壁上，製造髒髒的視覺感。

7 紅茶包放入鍋裏，加100毫升水，煮沸後轉小火繼續煮5分鐘。

8 加入鮮奶，煮至微沸，倒入杯子中即可。

烹飪秘笈

1 一定要把紅糖水煮沸了再倒入木薯粉中，讓部分澱粉糊化，方便揉成粉糰。如果沒有成糰，可以放入微波爐加熱一下再揉。

2 木薯珍珠煮熟後整體是透明的，沒有硬心，撈出來過一下冷水，更彈牙。

3 炒糖漿要保持小火，火大容易燒焦。炒至黏稠狀，這樣更容易掛在杯壁上。

4 搓珍珠的時候要比想要的大小稍微小一點，因為煮後會變大。

5 揉木薯粉糰的時候，可根據狀態適當調一下木薯粉或者水的量，以揉成光滑的粉糰為佳。

6 木薯粉不能用其他澱粉代替，因為用木薯粉做的珍珠才有彈牙的口感。

經典美味的下午茶

楊枝甘露

⏰ 2小時
🍽 簡單

主料

芒果果肉…200克　　西米…20克　　　　純鮮奶…150毫升

輔料

淡忌廉…2茶匙　　幼砂糖…2茶匙

做法

1. 芒果果肉、幼砂糖和鮮奶用攪拌機打成泥,放入雪櫃冷藏。
2. 取一乾淨的鍋,加入約500毫升的水,水煮沸後加入洗乾淨的西米。
3. 煮約10分鐘,至西米外圈變得透明,內部還有白色的硬心,關火,燜5分鐘。
4. 撈出西米,過冷水冷卻。
5. 取出芒果鮮奶蓉,和西米混合均勻,裝入容器裏。
6. 表面倒上淡忌廉即可。

🥣 烹飪秘笈

1. 西米不要煮過火,否則容易完全化到水裏。煮至有一點白心,再關火燜到完全透明即可。

2. 煮熟的西米用冷水沖,可以去掉外層的澱粉,更通透爽口。

楊枝甘露是甜品店點擊率超高的甜品，幾乎每個甜品店都有。其實做起來一點都不複雜，如果有朋友來訪，做一份作為飲品，絕對獲讚無數。

晶瑩剔透的甜蜜

蜜汁金桔

 1小時

 簡單

主料

金桔⋯500克

輔料

檸檬⋯1/2個　　冰糖⋯250克

做法

1 金桔去蒂，清洗乾淨。

2 在金桔的頂端切一個十字的口，方便入味。

3 檸檬洗淨，用手把檸檬汁擠到小碗裏備用。

4 金桔放入鍋中，加入敲碎的冰糖和50毫升水，中小火烹煮。

5 烹煮至金桔變軟、變得黏稠時，加入檸檬汁。

6 繼續煮至糖液變得濃稠，裝入消毒好的玻璃瓶中即可。

🍲 烹飪秘笈

1 不需要加很多水，金桔中水分很多，如果加很多水會增加烹煮的時間。

2 冰糖要打碎，更容易溶化。

3 烹煮的過程中要不時攪拌一下，防止糊鍋。

4 煮好的金桔可以用來泡水喝或者做其他飲品，多放些糖有防腐的效果。如果即做即吃，可以減少糖的用量。

5 煮到濃稠的狀態就可以了，冷卻後糖漿還是軟軟地包在金桔外面。如果冷卻後變硬，可能是煮過頭了。

金桔和冰糖一起煮成晶瑩剔透的蜜汁金桔，可以用來泡水或者製作飲品，隨用隨取非常方便，還有止咳潤喉的作用。

滿口清新

檸檬蜂蜜飲

⏰ 10分鐘

🍽 簡單

主料

檸檬…1個（約100克）

輔料

蜂蜜…20克

鹽…少許

🧁 整個檸檬打汁，可以充分釋放其富含的維他命C，多吃更漂亮。檸檬汁裏再加一點蜂蜜，甜得剛剛好。喝一口，沁人心脾，這才是夏天的最佳飲品。

做法

1 檸檬表面用鹽搓洗乾淨，再沖洗淨，瀝乾。

2 檸檬切成4塊，放入攪拌機。

3 攪拌機中加入1000毫升食用水，開動攪拌4秒鐘，過濾，得到檸檬水。

4 檸檬水中加入蜂蜜，攪拌均勻即可。

🍲 **烹飪秘笈**

1 因為需要帶皮打汁，所以要先用鹽把檸檬表面搓洗乾淨。

2 檸檬不需要打得特別碎，防止有苦味。

第四章

讓我們慢享時光的休閒零食

在休閒的時光裏有零食相陪，簡直就是完美的生活。在看書、追劇時，我們經常都會無意識地吃些零食，為了防止在不知不覺中攝入過多熱量，我會為你提供一些低熱量又耐吃的零食，既滿足了你的口腹之慾，又不會讓你長胖。

好吃不長肉的零食

紫菜雞肉乾

 1小時

 簡單

主料

雞胸肉…500克

輔料

紫菜碎…20克　　鹽…5克

白芝麻…20克　　茄汁…50克

1

2

3

4

5

6

做法

1 雞胸肉去掉表面的筋膜，切成兩半，洗乾淨。

2 放入鍋裏，加入浸過雞胸肉的水，煮熟。

3 撈出後用手撕成細絲狀。

4 加入鹽和茄汁拌勻，醃製2小時。

5 焗盤鋪上錫紙，放入雞肉絲，進焗爐中層，150℃焗15分鐘。

6 撒上白芝麻，翻面後焗10分鐘，再撒上紫菜碎，焗5分鐘即可。

烹飪秘笈

1 雞胸肉煮至剛剛成熟的狀態比較好，煮太久肉質會變老，不容易撕成雞絲。

2 雞肉撕得細容易焗脆，撕得粗會有嚼勁，可根據喜好自由選擇。

3 不同焗爐的溫度會有差異，注意觀察，根據自己焗爐的溫度適當調整，防止焗焦。

這是一款好吃不長肉的零食，非常適合用來打發休閒時光，吃再多也不怕會長胖。不僅好吃，製作起來也很簡單。

永遠吃不夠

泡椒鳳爪

⏰ 40分鐘
🍽 簡單

主料

雞腳…500克

輔料

花椒…10粒	泡椒水…50毫升	生抽…2茶匙
薑片…10克	小米椒…5個	鹽…1茶匙
檸檬…1個	料酒…2茶匙	
泡椒…10個	陳醋…20毫升	

做法

1 雞腳剪掉趾甲，從中間剁成兩半，清洗乾淨。

2 放入鍋裏，倒入浸過雞腳的水，加入薑片、花椒和料酒，煮開後再煮10分鐘至能用筷子插透即可。

3 撈出雞腳，放入冰水中浸泡。

4 浸泡至完全冷卻後，用清水把表面的油沖洗掉，瀝乾。

5 檸檬洗淨，切片；小米椒洗淨，切段；泡椒切段。

6 取一個乾淨的密封盒，放入雞腳，倒入浸過雞腳的水。

7 加入陳醋、生抽、鹽、泡椒水、檸檬、泡椒和小米椒。

8 攪拌均勻，密封，放入雪櫃冷藏，隔天就可以吃了。

🧁 很少人能抵擋住泡椒鳳爪的魅力吧，辣得嘴巴都要腫了，反而愈辣愈想吃。自己做的更乾淨衞生，風味更多變。

 烹飪秘笈

1 雞腳很容易熟，煮到剛能插進筷子即可，時間太久就會煮爛，沒有咬口。

2 用冰水浸泡會讓雞腳更有彈性。

3 要完全沖洗掉雞腳表面的油，這樣做好的泡椒雞腳才會清爽。

香辣吃不停

香辣雞翼尖

⏰ 40分鐘
🍽 簡單

主料	輔料		
雞翼尖⋯500克	生薑片⋯4片	八角⋯1個	幼砂糖⋯10克
	乾辣椒⋯10個	小茴香⋯5粒	鹽⋯1茶匙
	粗辣椒粉⋯1/2茶匙	花椒⋯20個	植物油⋯1湯匙
	肉桂⋯2克	生抽⋯1湯匙	
	香葉⋯4片	老抽⋯1/2茶匙	

做法

1 用鑷子去掉雞翼尖上的浮毛，清洗乾淨，瀝乾。

2 放入鍋裏，加入浸過雞翼尖的水，煮沸，繼續煮1分鐘。

3 撈出，沖洗乾淨。

4 易潔鍋燒熱後，加入植物油和配方裏的所有調料，翻炒至出香味。

5 加入雞翼尖，中小火焗炒約10分鐘。

6 焗炒至水分收乾即可。

🍵 烹飪秘笈

1 雞翼尖上面可能會有細毛，需要先用鑷子清理乾淨。

2 不用加水，利用中小火焗炒，除掉多餘的水分，讓雞翼尖更好咬口。

3 雞翼尖很容易熟，嚐一下，炒至喜歡的口感就可以上碟。

雞翼尖中的骨頭軟軟的，做好後，很輕鬆就可以咬到。整個放到嘴巴裏，把肉吃掉，剩下的骨頭直接吐掉，吃雞翼尖也可以很優雅。

吮指美味

鹵鴨舌

⏰ 1小時
🍽 簡單

主料	輔料		
鴨舌…200克	生薑片…4片	八角…1個	老抽…1茶匙
	乾辣椒…5個	小茴香…5粒	幼砂糖…10克
	肉桂…1克	花椒…20個	鹽…1茶匙
	香葉…4片	生抽…2茶匙	植物油…1湯匙

做法

1 鴨舌清洗乾淨,瀝乾。

2 放入鍋裏,加入浸過鴨舌的水,煮沸後再煮1分鐘。

3 撈出,沖洗乾淨,瀝乾。

4 炒鍋燒熱後,加入油、薑、辣椒、肉桂、香葉、八角、小茴香和花椒,翻炒至出香味。

5 加入鴨舌翻炒均勻,倒入浸過鴨舌的水、生抽、老抽、幼砂糖和鹽。

6 水煮沸後轉小火煮15分鐘,關火,浸泡過夜即可。

> ☕ 烹飪秘笈
>
> 1 鴨舌汆水可以去腥味,汆水後注意用冷水沖洗以洗淨表面。
>
> 2 最後收汁的時候注意要不斷翻炒,防止糊鍋。

鴨舌算是零食界的貴族，市場上有的鹵鴨舌甚至賣到上百元一斤。不妨自己動動手，在家裏做吧，不僅省錢，還可以根據喜好自由調整味道。

聞名零食界

五香鴨頸

⏰ 1小時

🍽 簡單

主料

鴨頸…4根

輔料

生薑片…10克
乾辣椒…10個
肉桂…2克
香葉…4片
八角…1個

小茴香…5粒
花椒…20個
生抽…1湯匙
老抽…2茶匙
料酒…50毫升

幼砂糖…20克
鹽…1茶匙
植物油…1湯匙

1　　　　　2　　　　　3

4　　　　　5　　　　　6

做法

1 鴨頸去掉表面的筋膜，清洗乾淨。

2 放入鍋裏，加入浸過鴨頸的水，大火煮沸後再煮
　2分鐘。

3 撈出，沖洗乾淨。

4 將辣椒、肉桂、香葉、八角、小茴香和花椒洗淨，
　瀝乾。

5 鍋燒熱後加入植物油、生薑片和上面洗淨的香
　料，翻炒約2分鐘至出香味。

6 加入鴨頸翻炒均勻。

7 倒入浸過鴨頸的水，加入幼砂糖、料酒、生抽、
　老抽和鹽，大火煮開後轉小火慢燉40分鐘。

8 關火，讓鴨頸在鹵水中浸泡過夜，取出切段即可。

鴨頸在零食界可是大名鼎鼎，鴨頸店開滿了大街小巷。但是市售鴨頸的風味並不總能盡如人意，而且價錢也貴，不如自己動手做，好吃又省錢。

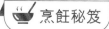 烹飪秘笈

1 鴨頸需要先汆水，可以去掉腥味。

2 可根據個人喜好，適當添加辣椒。

手撕着吃才過癮

手撕牛肉條

🕐 4小時

🍽 簡單

主料

牛腱肉…1000克

輔料

五香粉…2茶匙	生抽…1湯匙
香葉…4片	料酒…2茶匙
幼砂糖…2茶匙	鹽…2茶匙

牛肉醃製後用焗爐慢慢焗出類似風乾效果的牛肉乾，口感和味道都非常棒。閒來無事的時候慢慢撕着吃吧。

做法

1 牛腱肉去掉筋膜，洗乾淨，沿着肉的紋理切成約1.5厘米粗，10厘米長的條。

2 把五香粉、香葉、幼砂糖、鹽、生抽和料酒加入牛肉中，揉捏均勻。蓋上保鮮紙，放雪櫃冷藏24小時。

3 焗盤鋪上錫紙，把牛肉條擺放在焗盤上。

4 放入焗爐中層，110℃烘烤3小時即可。

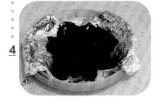

🍲 烹飪秘笈

1 牛肉要沿着肉的紋理切，這樣肉的纖維長，手撕的感覺好。

2 每焗半小時把肉翻一面，讓每一面都受熱均勻。

3 利用低溫慢焗，根據焗爐溫度和肉的大小，焗到喜歡的口感即可。

4 焗好後可以撒辣椒等調味。

大海的味道

魷魚絲

🕐 30分鐘

🍽 簡單

主料

魷魚乾⋯200克

市售的魷魚絲經常會添加過多的調味料，從而失去了魷魚的原味。用自然曬乾的魷魚乾簡單加工一下，一盤原汁原味的魷魚絲就出爐了，好像品嚐到了大海的味道。

做法

1 魷魚乾用流動的清水沖洗乾淨表面。

2 用廚房紙擦乾。

3 放到微波爐裏，高火加熱4分鐘，至魷魚乾捲縮成一團。

4 取出，用手撕成細絲即可。

 烹飪秘笈

1 魷魚乾是用整個魷魚自然曬乾的，沒有添加其他的調味料。

2 可根據魷魚乾的狀態調整微波加熱的時間，到捲縮成卷即可。

1

3

2

4

慢慢打發時光的美味零食

椒鹽毛蟹

⏰ 30分鐘
🍽 簡單

主料

毛蟹…250克

輔料

大蒜…4瓣　　　　小米椒…2個　　　　生抽…1茶匙

椒鹽…1茶匙　　　植物油…2茶匙

做法

1 毛蟹清洗乾淨。

2 大蒜去皮，洗淨，剁成蒜蓉。小米椒洗淨，
切成段。

3 鍋燒熱後加入油、大蒜碎、小米椒翻炒爆
香約2分鐘。

4 加入毛蟹，翻炒2分鐘。

5 加入生抽和約100毫升水，蓋蓋子，大火
燒開後轉小火燜煮5分鐘。

6 開蓋子，大火翻炒至水分收乾，加入椒鹽，
翻炒均勻即可。

 烹飪秘笈

選個頭小的毛蟹，更容
易裏外都入味。

小毛蟹個頭比較小，不適合蒸着吃，可以做成椒鹽味的，慢慢吸吮，蟹殼都透着好吃的味道。

來自大海的味道
鮮蝦乾

⏰ 1小時

🍽 簡單

主料

海蝦…500克

海鮮本身就是非常鮮美的食材，新鮮的海蝦，不用添加任何調味料，做出來的蝦乾原汁原味，自帶海洋的氣息。

做法

1 海蝦清洗乾淨，剪掉蝦鬚、蝦腸。

2 放入鍋裏，中火翻炒約3分鐘。

3 把蝦取出，擺放在烤網上。

4 入焗爐，160℃烘焗約20分鐘，轉100℃焗1小時即可。

🍲 烹飪秘笈

1 不要選擇太大的蝦，難焗乾。

2 蝦的種類不限，最好選擇新鮮的海蝦。

3 鍋裏不加水，先翻炒3分鐘把水分炒出，節省後面焗的時間。

補鈣小零食
芝麻小魚乾

🕐　1小時
🍽　簡單

主料

小魚乾…100克

輔料

熟白芝麻…20克　　生抽…1茶匙
蜂蜜…1茶匙

自然晾乾的小魚，鹽含量很少，是非常健康的食材，做成小零食最好不過了。搭配芝麻，好吃又補鈣。

做法

1 小魚乾用水沖洗乾淨，瀝乾。
2 放在易潔鍋裏小火翻炒。
3 炒至全部乾透、散發出魚香味。加入白芝麻和生抽攪拌均勻。
4 再加入蜂蜜，攪拌均勻即可。

🍵 烹飪秘笈

1 如果沒有熟芝麻，可以把芝麻洗淨瀝乾後，放到鍋裏小火炒熟。

2 最後加一點蜂蜜可以讓芝麻和小魚乾有黏合感，避免芝麻全部落在底部。

骨頭也可以吃的

帶魚脆

⏰ 2小時
🍽 簡單

主料

帶魚…300克

輔料

生薑片…10克　　　生抽…2茶匙　　　植物油…2茶匙

五香粉…1/2茶匙　　鹽…2克

做法

1 帶魚去掉魚鰭和內臟,剪掉頭,剪成長約5厘米的段,清洗乾淨,瀝乾。

2 帶魚裏加入薑片、五香粉、生抽、鹽和油,翻拌均勻。

3 蓋上保鮮紙醃製2小時。

4 焗盤鋪上錫紙,將帶魚平鋪在焗盤上。

5 放入焗爐,160℃焗30分鐘,翻面再焗30分鐘。

6 轉成120℃繼續焗1小時,焗至酥脆即可。

🍲 烹飪秘笈

1 選擇小而薄的帶魚,容易焗脆。

2 沒有焗爐也可以用煎烤機煎,每間隔一段時間翻一次面,煎到酥脆即可。

帶魚低脂肪、高蛋白，是非常有營養的食材。肉厚的帶魚可以用來做菜，而肉少的帶魚吃起來卻好麻煩，還有被刺卡住的風險。把小的帶魚做成帶魚脆，刺也酥脆，可以一起吃。

嚐過之後再也忘不了

香酥黃花魚

 1小時
 簡單

主料	輔料		
黃花魚…500克	薑片…10克	香葉…2片	幼砂糖…20克
	五香粉…1/2茶匙	鹽…5克	生抽…2茶匙
	八角…1個	料酒…1茶匙	植物油…1茶匙

做法

1 黃花魚去掉內臟、魚鰭和頭，清洗乾淨。

2 加入薑片、五香粉、八角、香葉、鹽、料酒、幼砂糖和生抽，抓揉均勻，醃製2小時。

3 取出黃花魚，用廚房紙擦乾表面，剩下的湯汁備用。

4 不黏鍋燒熱，加入植物油，放入擦乾表面的黃花魚。

5 小火，待一面煎至金黃色，翻面，至兩面都煎成金黃色。

6 將煎好的黃花魚放入壓力鍋，倒入醃製時的湯汁和浸過黃花魚的水。壓力鍋上氣後，繼續小火煮30分鐘，最後開蓋，收乾湯汁即可。

烹飪秘笈

1 去掉黃花魚的頭，只保留身子，吃起來更過癮。

2 煎黃花魚時用小火，一面煎至金黃色後再翻面，可以防止魚肉散開。

黃花魚肉質緊致，味道鮮美，深受人們喜愛。大的黃花魚適合做菜，小的黃花魚可以去掉頭尾，做成香酥黃花魚，是一款頗具人氣的小零食。

可以吃一盆的零食
蘋果脆片

⏰ 2小時
🍽 簡單

主料

紅富士蘋果…500克

蘋果大家都不陌生，可是烤得脆脆的蘋果脆片沒有試過吧？原來好吃無添加的零食做起來這麼簡單，只需靜靜等待，美味就來了。

做法

1 蘋果洗淨，切成兩半，去掉果核，用刮皮刀刮成厚薄均勻的片。
2 焗盤鋪上牛油紙，依次擺上蘋果片。
3 放入焗爐，160℃焗10分鐘。
4 再轉成100℃，繼續焗1小時至蘋果片變脆即可。

🍲 **烹飪秘笈**

1 蘋果片愈薄愈容易焗脆，用刮皮刀可以較方便地刮成薄片。

2 根據蘋果片的厚度和焗爐溫度，適當增減時間。焗蘋果片熱的時候是軟的，冷後就脆了。

簡單自然的美味

香蕉乾

⏰ 1.5小時

🍽 簡單

主料

香蕉⋯2根

市場上的香蕉脆片一般都包了一層糖衣，不僅失去了原本的味道，而且糖多了也不健康啊。試着用焗爐低溫慢焗，做出最自然的香蕉乾。

做法

1 香蕉去皮，切成厚約1毫米的片。

2 焗盤鋪上牛油紙，依次擺上香蕉片。

3 放入170℃預熱的焗爐中，烘焗10分鐘。

4 翻面，105℃繼續焗15分鐘至呈現脆的口感即可。

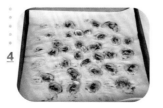

🍵 **烹飪秘笈**

1 焗爐最好先170℃預熱，放入香蕉片就可以焗，減少等待的時間，避免香蕉表面氧化變黑。

2 先高溫去掉大部分水分，再低溫慢慢焗，可以防止焗焦。

3 可根據香蕉的厚薄和焗爐的溫度，適當調整烤焗的時間。

健康飲食界的新寵

羽衣甘藍脆片

🕐 1小時

🍽 簡單

主料

羽衣甘藍…100克

輔料

橄欖油…1茶匙

鹽…少許

羽衣甘藍營養非常豐富，可以生吃拌沙拉，也可以焗成脆片吃，就是非常流行的一種零食，又脆又香。

做法

1 羽衣甘藍洗淨，瀝乾。

2 把葉子撕下放到盆裏，加入橄欖油和鹽，輕輕拌均勻。

3 焗盤鋪上錫紙，將羽衣甘藍擺放在焗盤上，入焗爐160℃焗10分鐘。

4 取出翻面，繼續焗5分鐘至脆即可。

1

2

3

4

🍲 烹飪秘笈

1 在拌入橄欖油之前，葉子儘量瀝乾，方便後面烘焗。

2 擺放葉子時注意不要疊在一起，均勻平鋪在焗盤上。

3 葉子比較薄，很容易焗燶，要注意觀察。

南瓜還可以當薯片吃
南瓜脆片

 1小時

🔔 簡單

主料

日本南瓜⋯200克

南瓜做成脆片後，瞬間成了大家搶着吃的東西。沒有任何添加，是一款非常健康天然的零食。

做法

1 南瓜洗淨，瀝乾。

2 切成厚1-2毫米的片。

3 依次擺放在焗盤上，放入焗爐，140℃焗10分鐘。

4 翻面調整一下位置，轉到90℃，繼續焗20分鐘，焗至脆的狀態即可。

1

2

3

4

 烹飪秘笈

1 要選澱粉含量高、水分少的日本南瓜，容易焗脆。

2 可根據南瓜片的厚度，適當調整烘焗的時間。

番茄的另一種吃法

番茄乾

🕐 20分鐘

🍽 簡單

主料

車厘茄…500克

沒有添加調料，這是一款原汁原味的小零食，可以直接吃，也可以用來做麵包、煮麵等。曬乾的番茄和新鮮的番茄風味不一樣，由於常用於西餐菜餚中，自有一種異域風情。

做法

1 車厘茄洗淨，瀝乾。

2 用刀從頭尾中線一切兩半。

3 把車厘茄擺在筲箕上，放到太陽底下曬。

4 曬至呈柔軟的乾果狀態即可。

1

2

3

4

🍲 烹飪秘笈

1 曬的時候要每隔一段時間翻拌一下，保證曬得均勻。

2 如果沒有太陽，可以放在焗爐裏面慢慢焗乾。

天然堅果香
炒南瓜籽

🕐 1小時

🔔 簡單

主料

南瓜籽…200克

吃南瓜剩下的南瓜籽可是好東西，含有豐富的不飽和脂肪酸和維他命E。把南瓜籽晾乾，多累積一些，就可以做一盤炒瓜籽了。

做法

1 南瓜挖出南瓜籽，放在太陽下曬乾。

2 搓掉表面的筋膜，得到乾淨的南瓜籽。

3 南瓜籽倒入鍋中，小火加熱翻炒。

4 炒至聞到香味、南瓜籽表面微微變黃，關火，用餘溫再焗一會兒即可。

🍲 烹飪秘笈

1 注意保持小火炒，防止火大了炒焦。

2 家裏吃南瓜挖出的南瓜籽可以晾乾保存，積累夠了一起炒，也可以買現成的。

好吃到停不住

五香瓜子

 1小時

簡單

主料

生葵花子…500克

輔料

八角…1個　　　　香葉…2片　　　　鹽…10克

肉桂…2克　　　　小茴香…10粒

做法

1 生的葵花子用水沖洗乾淨,放入鍋裏。

2 倒入浸過葵花子的水,加入洗淨的八角、
肉桂、香葉、小茴香和鹽。

3 大火煮沸後,轉小火煮15分鐘,關火,泡
在湯裏8小時。

4 撈出瓜子,濾掉水,攤在筲箕上曬乾,再
放鍋裏小火炒脆即可。

烹飪秘笈

1 泡好的瓜子也可以直接吃。

2 如果天氣熱,要把瓜子放在
雪櫃裏面浸泡。

五香瓜子可以在家裏做哦。自己做的五香瓜子可以煮熟後直接吃，也可以炒熟後再吃，各有特色，一顆接一顆，好吃到停不下來。

下酒的小零食

五香毛豆

 40分鐘

🍽 簡單

主料

帶殼毛豆⋯500克

輔料

八角⋯1個　　　　乾辣椒⋯3個　　　　鹽⋯10克

香葉⋯2片　　　　肉桂⋯1克

做法

1 毛豆放入水中搓洗乾淨，瀝乾。

2 剪掉毛豆莢頭尾的角。

3 鍋裏倒入能浸過毛豆的水，加入洗淨的八角、香葉、肉桂和乾辣椒，煮沸，加入毛豆和鹽。

4 開蓋子煮約15分鐘，至毛豆熟透即可。

 烹飪秘笈

1 剪掉毛豆頭尾的角方便入味，而且毛豆也整齊好看。

2 煮毛豆的時候開着鍋蓋煮，可以保持毛豆碧綠，不會變顏色。

我喜歡各種毛豆的吃法。毛豆旺季，一定要煮
幾盆五香毛豆，一邊追劇一邊吃，幸福就在這
一刻停留。

風靡全國的零食

自製辣條

⏰ 40分鐘
🍽 簡單

主料

腐竹…100克

輔料

小米椒…2個	花椒粉…2克	幼砂糖…1茶匙
粗辣椒粉…5克	鹽…1/2茶匙	油…3湯匙

做法

1 腐竹洗淨，放在冷水裏泡至呈柔軟的
狀態。

2 撈出，擦掉表面的水分。

3 易潔鍋中倒入2湯匙油，燒至六成熱，
放入腐竹。

4 兩面炸至表面略微金黃色，撈出。

5 鍋裏加入剩下的油；小米椒洗淨、切
碎，和辣椒粉、花椒粉、幼砂糖、鹽
一起放入油鍋中炒1分鐘。

6 倒入炸好的腐竹，翻炒均勻即可。

🍲 烹飪秘笈

1 在炸之前一定要把腐竹擦
乾，否則會濺油。

2 炸腐竹的時候儘量避免全
部一起炸，可以分批炸。

風靡全國的辣條你有沒有吃過啊？其實在家裏也可以做好吃的辣條，用料純正，安全衛生，讓你吃得更安心。

有嚼勁、有味道

秘製豆干

⏰ 40分鐘
🍽 簡單

主料

豆腐乾…300克

輔料

熟白芝麻…10克　　八角…1個　　　蠔油…2茶匙
老抽…2茶匙　　　　香葉…2片　　　植物油…1湯匙
幼砂糖…20克　　　　鹽…1茶匙

做法

1 豆干洗淨，瀝乾，切成厚約2毫米、寬約
  2厘米的小塊。
2 易潔鍋燒熱後加入油，放入豆腐乾，兩面
  煎至金黃色，撈出備用。
3 幼砂糖放入鍋裏，小火炒至融化。
4 加入豆干翻拌均勻。
5 加入半碗水、老抽、蠔油、洗淨的八角、
  香葉、鹽，大火煮滾後轉小火燉20分鐘。
6 大火翻炒收汁，待水分基本收乾即可。

🍲 烹飪秘笈

1 選用原味的豆干，才不會
影響成品的風味。
2 豆干兩面煎至金黃色，口
感好，還可以防止燉的時
候爛掉。

沒有味道的豆腐乾加點調味料，做出來的
秘製豆干吃起來更有味道，當小零食還可
以補充蛋白質。

可以與肉相媲美

微波杏鮑菇

 30分鐘

簡單

主料

杏鮑菇⋯300克

輔料

白芝麻⋯5克
蠔油⋯2茶匙
茄汁⋯2茶匙
辣椒粉⋯1/2茶匙

杏鮑菇是常見的菌類，做成這種小零食後，竟然出人意料地好吃。休閒追劇時來一份最好不過了。

做法

1 杏鮑菇洗淨，瀝乾，撕成粗約2毫米的細絲。
2 加入蠔油、茄汁、芝麻和辣椒粉攪拌均勻，醃製1小時。
3 將杏鮑菇平鋪在碟上，放入微波爐，高火加熱2分鐘。
4 翻面，繼續高火加熱2分鐘即可。

烹飪秘笈

1 根據微波爐的火力和杏鮑菇絲的粗細不同，適當調整加熱的時間。
2 杏鮑菇加熱至自己喜歡的乾濕狀態即可。

追劇必備小零食

爆谷

 30分鐘

 簡單

主料

爆谷專用粟米粒…100克

輔料

牛油…10克

幼砂糖…10克

外面買的爆谷味道
香甜,但真不敢吃
太多,怕長胖啊。
其實自己做也超級
簡單,而且少油少
糖,更健康。

做法

1 牛油放入鍋裏,加熱至溶化。

2 加入粟米粒,攪拌均勻。

3 蓋上蓋子,大火加熱約1分鐘,聽到鍋裏有粟米
粒爆開後,轉小火,並不時晃動鍋,防止黏鍋。

4 等鍋中的劈裏啪啦聲停止後,打開蓋子,加入
幼砂糖,攪拌均勻即可。

烹飪秘笈

1 要選用爆谷專用粟
米粒,普通的粟米粒
不可以。

2 如果沒有牛油,可
以添加粟米油等。

超級解暑的夏日冰飲

蜜桃冰茶

⏰ 1小時
🍽 簡單

主料

水蜜桃…200克　　紅茶包…1個

輔料

幼砂糖…40克

做法

1 水蜜桃清洗乾淨，瀝乾，去皮、去核，切成薄片。

2 放入鍋裏，加入200毫升水和幼砂糖，大火煮開後轉小火煮5分鐘，關火燜30分鐘。

3 把桃汁過濾到杯子裏備用。

4 將紅茶包放入200毫升水中，煮沸後轉小火煮5分鐘，關火冷卻。

5 把茶水倒入蜜桃汁中，攪拌均勻。

6 加入冰塊和幾片生的水蜜桃裝飾一下即可。

🍲 烹飪秘笈

蜜桃汁剩下的果肉可以吃掉，不要浪費。

盛夏，水蜜桃成熟時，把香甜清爽的水蜜桃做成飲品，冷藏放置，特別適合炎熱的夏天，是降溫解暑的佳品。

100% handmade + healthy

作者
薩巴蒂娜

責任編輯
簡詠怡　周宛媚

封面設計
吳廣德

排版
劉葉青

出版者
萬里機構出版有限公司
香港北角英皇道499號北角工業大廈20樓
電話：2564 7511　　傳真：2565 5539
電郵：info@wanlibk.com
網址：http://www.wanlibk.com
　　　http://www.facebook.com/wanlibk

發行者
香港聯合書刊物流有限公司
香港新界大埔汀麗路 36 號
中華商務印刷大廈 3 字樓
電話：2150 2100　　傳真：2407 3062
電郵：info@suplogistics.com.hk

承印者
中華商務彩色印刷有限公司
香港新界大埔汀麗路 36 號

出版日期
二零二零年三月第一次印刷

本書繁體版權經由中國輕工業出版社有限公司
授權出版，版權負責林淑玲 lynn197@126.com。